全面介绍气质理论的经典作品首次译为中文

气质论

TEMPERAMENT
THEORY
AND
PRACTICE

[美]斯泰拉·切斯 医学博士 Stella Chess, MD. 著
[美]亚历山大·托马斯 医学博士 Alexander Thomas, MD.

谭碧云 译

上海社会科学院出版社
SHANGHAI ACADEMY OF SOCIAL SCIENCES PRESS

目 录
Contents

第一部分　气质理论与实践的基本概念

在过去的几百年里，对个体行为差异的解释基本上无外乎两个观点——天性或教养。第一种观点把新生的婴儿看成是小矮人，也就是说一个缩小版的成年人。而第二个观点则认为新生儿是一块白板，等着环境给他施加影响，直到成人的性格完整地蚀刻其上。

第 1 章　引 言 ... *003*

第 2 章　气质的最初概念 ... *007*

第 3 章　最初的假设 ... *015*

第 4 章　第一次研究尝试：从失败到成功 ... *023*

第 5 章　纽约纵向研究（NYLS）... *027*

第 6 章　数据分析与气质及其分类的定义与评级 ... *037*

第 7 章　气质调查的临床访谈 ... *049*

第 8 章　拟合优度的概念 ... *061*

第 9 章　父母指引 ... *077*

第二部分　气质理论的新应用与实践

> 桑德拉在孕育与出生时都非常顺利，家庭也稳定健康。但是在她两个月的时候就显示出，照顾她并非易事，无论是睡眠、进食、情绪还是适应变化方面都如此。她的父亲是一位知名的发展心理学家，通晓气质理论。他很快就意识到，桑德拉的行为显示出典型的棘手气质特征。

第 10 章　气质理论与实践自 1970 年来的迅速发展 ... 097

第 11 章　与气质有关的父母与孩子教育 ... 101

第 12 章　气质项目中的预防与早期干预 ... 111

第 13 章　克塞尔永久气质项目 ... 123

第 14 章　新的心理健康职业：气质咨询师 ... 131

第 15 章　气质与学校教育 ... 137

第 16 章　气质与儿科实践 ... 151

第 17 章　气质与护理实践 ... 161

第 18 章　儿童气质与心理治疗 ... 169

第 19 章　青少年气质与心理治疗 ... 177

第 20 章　成人气质与心理治疗 ... 187

第 21 章　气质与残疾儿童 ... 201

第 22 章　气质的生理学研究 ... 215

第 23 章　气质与文化 ... 219

第 24 章　气质的连续性和可变性 ... 225

第 25 章　未来展望 ... 235

原书参考文献 ... 237

第一部分

气质理论与实践的基本概念

Basic Concepts of
Theory and Practice of
Temperament

第 1 章

引 言

现在人们普遍认为,在影响行为的心理机制中,气质是最基本的一个方面。婴儿、儿童、青少年和成年人的气质特点使他们各自呈现出不同的行为特点。这些理念得到普遍接受被认为是托马斯和切斯发表他们长期调查结果报告的结果。此次调查——纽约纵向研究(New York Longitudinal Study,NYLS)——从 1956 年开始,一直延续到近几年。

在这以前,一些研究者和临床医生都对孩子的个体行为特点提出了自己的观察结论。在 20 世纪 30 年代,几名在儿童发展方面的先锋——舍丽(Shirley)(1933)、吉赛尔(Gesell)与爱美斯(Ames)(1937)便发现个体婴儿之间的具体差异。弗洛伊德（Freud）（1937，1950）断言，"每一个自我从出生开始就拥有自己特有的性情和偏好。"（vol.5, p.316）。巴甫洛夫（Pavlov）（1927）推测，后天的行为发展是以与生俱来的特定神经系统为基础的。

20世纪40年代和50年代出现了许多研究，报告在婴儿与幼童身上发现他们在具体的、互不相干的功能领域如感知反应［伯格曼（Bergman）和艾斯卡罗拉（Escalona），1949］、运动性［弗莱斯（Fries）和伍尔夫（Woolf），1953］、驾驶天赋［阿尔伯特（Alpert）、努巴尔（Neubauer）和威尔（Wiel），1956］、感情强度［梅里（Meili），1959］等存在个体差异。大卫·列维（David Levy）（1943）是最早的一家儿童心理健康诊所的主任，他发表了一篇有关男孩的开创性的调查报告，表明一些男孩的行为问题看起来与母亲的过度保护有关。而由于每个孩子自身的行为特点不同，又会出现两种重大结果。被动的孩子成了"听话的机器人"，而武断、好斗的男孩子则会变成家庭小暴君。

这些各式各样的调查报告都强调了一点：个体差异看起来在出生时就已存在，这些差异会受到后天个人经历的影响，但却不是由后天的因素决定的。

此外，在对儿童行为问题的根源和演变进行研究时，一些在加州大学伯克利分校［马克法兰（McFarlane）、艾伦

（Allen）和洪兹格（Honzing），1962］、费尔斯研究所（Fels Institute）［卡甘（Kagan）和摩斯（Moss），1962］和美林格诊所（Menlinger Clinic）［墨菲（Murphy），1962］的工作人员，开始认识到了进行纵向研究的必要性。我们现在对正常行为和不正常行为的认知，离不开这些中心机构所做的纵向研究。这些研究指出了儿童的气质特点与其受到的教养之间的相互作用。但是，这些研究要么由于样本太小，要么由于缺乏对儿童的系统性精神学评估导致无法做出总体概括，使它们的价值受到影响。

在这些具体的专业性研究报告以外，有经验的父母、幼儿护士和儿科医生在他们照料婴儿的过程中也经常会发现，在出生后的数周里，不同的婴儿就会表现出惊人的行为差异。但是没有人将这些观察结果纪录到正式或系统的研究里。

在那些年的专业研究领域，研究者们的研究过于狭窄和局限，无法提供基础让人全面理解幼年时代的行为差异以及这些差异对心理发展的影响。

第 2 章

气质的最初概念

在过去的几百年里,对个体行为差异的解释基本上无外乎两个观点——天性或教养。第一种观点把新生的婴儿看成是小矮人,也就是说一个缩小版的成年人。而第二个观点——教养——则认为新生儿是一块白板,就像17世纪的英国哲学家约翰·洛克说的——一块纯洁的白板,等着环境给他施加影响,直到成人的性格完整地蚀刻其上。在这场天性与教养、遗传与环境的争论中,遗传决定论这一观点一直到19世纪都占据上风。但是从20世纪开始,在弗洛伊德、巴甫洛夫和许多研究儿童发展的学者大量研究的影响下,教养的概念才开始对原来的观念产生影响。这一观念继续巩固,并从20世纪20年代开始,在儿童成长学中占据了主要地位。

到20世纪50年代早期，环境决定论的观点被普遍认可，只有少数人还不认同。任何从生理学方面对儿童行为所作的解释都被普遍认为是与心理发展背道而驰的。

这便是我们在20世纪40年代被灌输的观点——孩子行为上的差异都是因为环境，这种环境一般指母亲，虽然有时也包括一些家庭以外因素的影响。但是，我们在对新病人进行的临床实践中发现，那些标准的理论根本不起作用——无论是精神分析（psychoanalysis）、行为主义（behaviorism）、学习理论（learning theory）还是依恋理论（attachment theory）。许多年轻的妈妈用不必要的愧疚感和自我谴责来折磨自己，因为不管孩子出现了哪些被视为不正常的行为，那些权威的专家们宣称，不管是从哪种理论来看，母亲都难辞其咎。

一位妈妈，T夫人来找过我（斯泰拉·切斯），她就是一个可怕而典型的例子。她是那些被武断地定义为"坏妈妈"人群的真实写照。她觉得非常痛苦和愧疚，因为她认为8岁的儿子彼得患有"严重的心理障碍"，他的未来堪忧。她坚信这是由于她的抚养方式不当造成的。她精通心理学理论，反映说彼得在表达愤怒和敌视情绪方面有着严重的问题。当她准备好对付这个"糟糕的两岁孩童"时，这个早期的阶段却平静地过去了。他很少发脾气，并且是一个讲理的小孩子，懂得限制自己的行为，总是做好自己应该做的事。当他跟别人辩论时，总是非常理性并且不带任何怒气。T夫人小时候经常由于调皮好斗而受到大人的责骂，于是决心自己不要成为一个压制性的妈妈。安娜·弗洛伊德（Anna Freud）的理论将小孩子在这个阶段挑战权威的特点描述得活灵活现。而现在，这位夫人的儿子却很安静很乖，完全没有体现出这一特点。没有其他的"症状"。彼得有许多好朋友，他跟他们总是玩一些活跃的游戏，但他更加喜欢阅读、在学校学习、与他父亲进行交谈。他不做噩梦，没有学习障碍，不胆小，也没有恐慌症。他勇于面对新的体验。他爸爸不认为这个孩子有什么问题，而且他也发现T夫人不管对彼得还是对比彼得更顽皮的小儿子的方法都很少有什么错误。

我与彼得进行了一次通过玩耍而进行的咨询，过程中他很自然地开始与我讨论问题：恐龙是怎样灭绝的？宇宙大爆炸理论是什么？为什么当他与朋友们忙着下棋的时候，妈妈总是叫他们出去玩？他的言论表现出一个正常8岁男孩应有的广泛兴趣和智力水平。

真正的问题在于说服T夫人，让她相信正常的孩子也有各种各样不同的行为方式。彼得不太喜欢表现，好动程度适中，坚持自己的兴趣爱好，轮到自己倒垃圾时从来不会忘记。他跟他那好动、健忘、好打好闹的弟弟丹尼斯一样正常。劝说T夫人接受和欣赏彼得的方式不仅仅是为了让她安心。实际上，她已经开始让彼得觉得她不认可自己。我意识到，T夫人读过的心理学书籍向她展示了一个正常孩子的模板，让她认为好动、喜欢争辩的孩子才是正常的，她努力想释放儿子所谓被压抑的攻击性，事实上却打击了他保持自己行为方式的信心。

这次面谈中的探讨总算有了好结果。这位母亲最初有些怀疑，但在几次见面以后，在她丈夫的帮助下，她终于放松下来，开始欣赏这个安静而上进的孩子。

当然，在某些情况下，一个孩子的行为问题的确是由于母亲的养育不当，或者其他病态环境因素引起的。而另外一些时候，有一些孩子在父母严重干扰、家庭关系不正常和社会压力的情况下，仍然能保持健康的心理。其中一个例子尤为显著。一对父母曾经由于严重的婚姻问题咨询过我（亚历山大·托马斯）。他们中间的几乎任何一点小分歧都会扩大到大喊大叫、相互诋毁。这对父母都承认他们的两个孩子经常看到这样的场面。

我跟孩子的父母进行过许多次会诊——不管是单独会诊还是一起会诊。但是我所有的努力都没有成功，他们还是不可避免地在吵闹中离了婚。虽然双方都说孩子的心理健康是最重要的，但还是围绕孩子养育与探视相关的法律问题打了一场激烈的官司。当下达判决以后，双方的战争就蔓延到了孩子身上。在孩子们去他父亲家里时，他会询问他们母亲的社交生活；当他们回家后，母亲又会批评父亲放纵他们的作息时间、吃饭习惯，乱给他们买礼物。

在他们围绕孩子的争夺战中，父母双方都希望我能加入到他们一边。为了孩子们着想，我尽量保持中立。我试图让他们停止这场孩子战，但却只是让他们的战争收敛了一点点。我更大的忧虑是父母争吵和家庭混乱会带给这些孩子巨大的压力。这对父母同意将孩子送到斯泰拉·切斯那里进行评估、听取建议，有必要的话接受治疗。

让我们感到惊讶的是，切斯在进行了仔细的临床评估后发现，这两个孩子——7岁的加比埃尔和9岁的格雷格，在各个方面都表现得很好。他们各自有着自己非常要好的朋友，与朋友们经常到对方家里去玩，不管在学习成绩还是在社交方面，他们的表现都非常令人满意。他们没有显示出任何焦虑或者攻击性的症状，而且在评估家庭问题时非常坦率和准确。在父母离婚以前，每当父母有争吵时，他们就会习惯性地去别的地方平静地玩耍。他们反映，不管是与父母的哪一方在一起时都很快乐。虽然他们也希望他们的父母不要再吵架，但他们仍然接受现实——这就是生活。由于性格外向，乐于接受新事物和新面孔，能很快适应新的环境，有着乐观活泼的行为举止，他们很容易跟其他孩子和大人进行愉快的互动。他们会跟同样来自离异家庭的朋友们分享他们的故事。这两个孩子也很坦率地承认自己很乐于接受父亲的溺爱，但事实上回到家以后，他们又能轻松遵循妈妈的严格管教。我们的结论是：他们各自独有的行为特质使他们从大环境和父母双方那里获得许多积极的反应，这让他们远离父母间战争造成的不愉快，从而保护了自己。父母的问题不是他们的问题，他们使自己免于成为父母间战争的人质。

切斯最终判断这两个孩子并不需要心理治疗。他们两个都非常有效地应对了严重的父母失职问题。她只是鼓励两个孩子，并告诉他们，他们的态度和行为非常出色。两年后的后续评估显示，他们仍然保持着积极健康的成长，切斯也对他们今后的情况做出了正面的预测。

最后，我们发现在许多关系健康的家庭里，也会出现许多儿童心理问题。比如有一个叫卡拉的4岁小女孩，她父母将她带到我（切斯）的办公室，说她在幼儿园以及其他社交场合有着严重的行为问题。每天早上准备去幼儿园的时候她都愁眉苦脸，拒绝吃早餐，对要穿的衣服挑三拣四，乱发脾气,当她妈妈从幼儿园离开的时候,她就大哭大闹。老师反映,当大家进行各种活动的时候,卡拉总是站在旁边,根本就不参与,而且显露出非常烦闷的表情。不仅如此,在面对其他任何新情况时,卡拉也是这种表现。当别人邀请她参加生日派对时,她总是拒绝,烦躁不安,躲在她妈妈身后。

发现这些问题后,她的母亲开始寻求帮助,别人向她介绍了一位优秀的精神分析师。这位分析师将卡拉的症状诊断为当她离开母亲时的分离焦虑。他的治疗建议是让卡拉的妈妈从潜意识去寻找她自己希望卡拉保持对她依赖性的深层原因。在几个月的精神分析咨询后,情形并没有取得进展,这位妈妈开始不满这位分析师的理论和诊疗方法。接着,她的一个朋友向她引荐了我。

在临床访谈中,我在这位妈妈身上找不到任何迹象表明她有不健康的心理态度和行为。她鼓励卡拉独立健康地成长,所做的一切都合情合理。她的态度与行为也没有任何迹象表明她有意保持卡拉对她的不合理依赖。此外,很明显,卡拉的各种问题行为总是出现在当她面对新情况的时候。当她跟熟悉的朋友在操场上玩的时候,就会完全处于放松状态,而且会迅速并积极地参与到集体活动中去。

我提出了一个试验:建议这位母亲在将孩子送去幼儿园

后不要马上离开（幼儿园是目前为止孩子面临的第一个新环境），而是留下来几个星期。妈妈可以坐在教室的后面，但要处在卡拉的视野范围之内。老师同意了，并且告诉卡拉的妈妈，卡拉一天比一更积极地参与集体活动。两个星期后，卡拉已经完全愉快地融入集体之中，老师、卡拉的妈妈和我都认为卡拉妈妈可以不用再坐在教室里了。她这样做以后，卡拉并没有在意。从此以后，卡拉每天早上都会很快地穿衣服、吃早餐，并且迫不及待地要去幼儿园。

这次试验是成功的。我对这位母亲说卡拉完全是一个正常的孩子，他们也是非常合格的父母。卡拉的问题只是对新环境适应得比较慢，或者说，她比较害羞。我告诉这位母亲，卡拉在面对任何新情况时都可能会表现出这种行为模式——一开始非常沮丧，但是随着时间的推移，她会做出调整并积极参与其中。当然，任何专门的治疗都是完全没有必要的。

悲哀的是，我碰到过太多这样的情况：一个正常的小孩，只是举止有一些异于常人，都会被某种标准心理学理论定义为是病态，而且将这种病态怪罪到父母身上。结果孩子们没有得到适当的帮助，父母也受到愧疚感的折磨，漫长而昂贵的治疗也完全成了一种浪费。

第 3 章

最初的假设

标准理论不足以解释我们的许多案例。那些理念中必定是缺少了什么东西。20世纪50年代早期,我们为这个问题绞尽脑汁有好几个月。

然后,突然有一天,我们恍然大悟,产生了一种全新的想法。或许标准理论不能中的,是因为在孩子们健康或者偏离正常轨道的行为发展过程中,他们的个体差异扮演了重要的角色——而不是单单取决于妈妈的影响。许多专业著述中也提及了对这些差异的观察,但是这些评论往往只是偶尔提到,没有人试着对它们进行严肃而系统的研究。

但是这一全新理念的提出只是第一步。是的,我们承认个体差异在个人成长和发展过程中很重要。但是下一个问题是它是怎样起作用的。这些差异是怎样体现它们的重要性的？我们不知道答案，但不管怎样，我们必须找到它。突然，毫无预兆地，答案突然出现在了我（切斯）的一项临床案例报告中。

1952年的一个晚上，我们正准备参加一个当地的专业性月度座谈会，我的任务是向大家描述一个有趣的案例。我选择了一个非同寻常的例子。

案例展示

有一个小男孩名叫艾伦，有着让人烦恼的行为问题。他的父母来办公室找我的时候，我对他们的身高很吃惊。艾伦也非常高。当时他坐在休息室安静地看书，而他的父母则坐在我的办公室倾诉他们对艾伦行为的苦恼和无奈。在他们回答了我的一系列问题以后，我发现艾伦从在母亲肚子里，到出生，再到童年，一切发展都很正常。艾伦非常聪明，善于合作，对身边的孩子们很友好，擅长运动，遵守学校纪律，并且热爱学习。但当他再长大一些时，他开始对任何小错误、误会或者批评感到异常敏感。如果他一次投篮没有成功，他就会立即认为自己很失败，离开他的团队。如果他参与了某项特殊的学术项目，他会全身心投入，直到他的老师指出他工作过程中的小错误。这时他会立即放弃这个项目。类似这样的事情一次又一次地发生。每一次他的父母和老师都会安慰艾伦，告诉他小错误并不重要，他在比赛或者项目中已经表现出了很高的水平。但这些安慰都无济于事。艾伦总是坚持认为自己犯了很严重的错误。

在这对父母向我讲述这个故事时，他们尤其是母亲不断地对我说，他们必须对艾伦的这种行为负责。"肯定是我们的错误，"他妈妈一遍又一遍地说。"请帮助我们找到我们的错误。"

我问了他们一些细节，但是找不到任何父母对艾伦有任何不健康行为或态度的证据。他们都很有思想，聪明睿智，并且深深地爱着艾伦。没有证据证明艾伦的问题是由他们引起的。再者，艾伦的弟弟也没有表现出他那样失常的行为迹象。一直到我问完所有的问题，我仍然迷惑不解。我的下一步是请艾伦到我的游戏室来并且谈论他对游戏室中哪些东西感兴趣。我请他进来，他毫不犹豫并且安静地接受了邀请，没有一丝反抗情绪。尽管我知道艾伦只有9岁，我还是惊异于他的身高、成熟的思想和娴熟的语言技巧，这些都让他看起来比实际年龄大好几岁。

在游戏室里，艾伦在一个大桌子上发现了几辆玩具汽车和一个红绿灯。他很开心地跑过去玩这些玩具。但是，突然间，艾伦不小心让一辆小汽车闯了红灯。他停下来，看起来很不开心，开始让这些汽车乱七八糟地行驶，以此来制造一起又一起事故。之后他便跑回了休息室。

在游戏室的这次简单"交通事故"中，艾伦的行为印证了他父母的描述。那时，我对艾伦的行为和感觉有了一个可能的解释。为了验证这一解释，我向他的父母提出了一些关键的问题：在艾伦很小的时候，艾伦与其他小孩子玩耍时是一种什么样的模式？父母有没有抱怨过艾伦的行为？问这些问题仿佛中了大奖。他的父母立刻举了一个又一个生动的例子。故事很有代表性：一位妈妈会跑到艾伦妈妈面前抱怨艾伦将她的"小宝宝"推开而将玩具拉过来。有一次，另一位妈妈责备艾伦说："你妈妈应该教一下像你这样的大孩子如何对待小孩子。"艾伦的妈妈感到很尴尬，问那位妈妈她的小孩有多大。结果是，艾伦比那个"小宝宝"还小，但是由于他的身高和优秀的语言能力，看起来却比那个小孩大很多。所以，当艾伦与其他同龄或比他年纪小的孩子有任何纠纷时，他总是被责备的那一个。

我问这对父母，当艾伦长大一点时情况如何。他们承认同样的事情一直发生，没有间断过。其他的父母会责备艾伦："你恃强凌弱，应该为自己以大欺小的行为感到羞愧。"他们也会同样向艾伦的父母抱怨，因为这个理所当然被认为年龄大一些的孩子重重地打了比他小的孩子。社区的人们越来越觉得艾伦是一个讨人厌的孩子，而艾伦的父母常常无法影响他们的想法。他们试图安慰与支持艾伦，但是社区团体的看法却击败了他们的努力。

模式化的心理学分析理论会认为艾伦父母——尤其是母亲——应该为艾伦的问题负责，而我拒绝使用这样的理论，而是强调，艾伦的问题不是他们的错。我告诉他们，一些——甚至很多小孩产生行为问题的原因，是他们有着这样或那样特定的本质特点，使他们无法应对家庭或社会的期望。这些孩子因而无法接受成年人对他们的期望，从而产生过度的压力和自我怀疑，最终导致问题行为的产生。我告诉艾伦家长，他们需要的不是治疗，而是一个解释——为什么艾伦特有的特征（外表和语言成熟能力）是导致他问题的关键。在建议艾伦的父母安慰艾伦，告诉他发生了什么之后，我对他进行了一系列游戏式的心理治疗。渐渐地，艾伦学会了克服他之前认为任何一个错误都会是一场灾难的看法。随着他看法的改变，他最终战胜了那些严重的行为问题。

启 示

当切斯描述完这个案例以后,主持人礼貌地说:"谢谢,真是个有趣的案例。"我什么都没说,事实上,我深受震动。切斯的案例描述,可以毫不夸张地说,对我(亚历山大·托马斯)是一个很大的启示。切斯讲述的案例指出了我们的心理分析与临床培训中一个遗漏的方面。如果一个孩子出现行为问题,可能并不总是父母的错。有些时候,是由于孩子固有的一些个人特征和无法达到父母或社会的期望。当这些期望不符合孩子的个人特征时,压力和焦虑就会产生,从而导致某些问题行为。当我坐在那里思考着这个启示令人激动的含义时,其他观众却在用各种标准的方法来分析切斯的案例——可能该母亲由于有了第二个孩子就排斥第一个,或者可能是妈妈潜意识的愧疚感被转移到了孩子身上,等等等等。我在理解切斯深刻的洞察力之后,认为那些人都是胡说八道,虽然在那个时候,她自己还没有意识到她的整个案例报告的全部意义。

会议结束后,我们聊了几天,我们新的基本概念开始变得清晰。父母跟他们的孩子是不同的,同一个家庭的每个孩子也是不同的个体。如果父母和孩子们的差异是和谐的,父母的教养和孩子的个体差异便会是健康的。如果他们的差异不能和平共处，这些差异就可能导致孩子的成长不健康。孩子们的个体差异也是各式各样的。

尽管我们还没有开始证明，我们就强烈地感觉到孩子们的这些个体差异最初可能是生理性的。我们认为要证明我们的这个观念，需要进行系统的纵向研究，来展示孩子的明显差异对其婴儿时期到童年甚至到成年时期的影响。现在我们面临着一个艰巨的任务——建立一个系统的方法来收集必要的信息。首先，我们想到了一些生理学方法，因为我们相信，有证据表明人们从出生时即展现的个体差异有其生理基础。

我们与认识的一位杰出的神经生理学家交谈，解释说我们正在寻找一种方法来研究这个问题并问他能否帮助我们。他理解了我们的想法，思考了一会，然后笑着说："这个问题太难了，我很高兴这是你们的问题，而不是我的。"

第 4 章

第一次研究尝试：从失败到成功

我们的第一步，是试着证明婴儿在条件反射方面的个体差异；这是典型的巴普洛夫神经学模型。要做到这一点，我们需要找到一组配合实验的、在近几个星期即将临盆的妈妈。幸运的是，我们的一个朋友怀孕并即将生产，她和她的丈夫也被我们的想法所吸引。他们志愿参加试验，并招募到另外六组即将迎来新宝宝的家庭。当妈妈生产后通知我们时，我（切斯）就会到医院去给每位妈妈一个小摇铃、一个秒表和一个有标尺的时间表。妈妈需要进行的操作很简单：当小宝宝饿了并哭时，妈妈就摇铃并且给宝宝喂奶。接下来几次，当宝宝啼哭时，妈妈就摇铃，用秒表开始计时，看看多久以后宝宝会停止哭泣，再过多长时间又开始哭起来。我们想以此来观察，在有了"摇铃就有奶喝"的经验以后，宝宝们对摇铃的不同反应。

我每天都给每一位妈妈打电话。很快试验结果就表明，我们的条件反射设计对宝宝并不起作用。我们的第一次研究不幸以失败告终。当摇铃响起时，宝宝并不会停止哭声。但是当我跟这些妈妈谈话时我发现我得到了更多的数据。在这个条件反射实验中，每个妈妈都能很清楚地描述出她自己和宝宝的行为。我继续跟这些妈妈聊一些她们感兴趣的宝宝的行为。几次交谈之后，我很自然地开始询问一些具体的问题，如宝宝的睡眠时间、吃奶、换尿片、洗澡时的行为习惯等等。我发现得到了这些数据之后，我能想象出一个个生动的画面，宝宝们的行为呈现在我脑海中并像录像一样播放。这些行为都不相同，有的时候还差距巨大。

我跟托马斯描述了这些情况并说："我们不要做条件反射实验了，那个没有用。现在我能从每个妈妈的描述里清楚地了解宝宝们的行为了。每个小孩的行为都不同。所以，让我们找到一种方法来确保每位妈妈都提供给我们关于宝宝行为——睡觉、进食、洗澡、穿衣等等——最清晰的描述。我们不用再让妈妈们提供整体的描述，而是呈现每一个细节。这样就让我们好像每时每刻都在孩子们身边一样。这样观察到的也是最自然的表现，如果有陌生人在旁边，孩子和母亲的行为可能都会改变。"

托马斯看着我。"怎么了？"我问他。他说："斯泰拉，你的主意很棒，非常清晰。这种方法可以让我们找到关于孩子个体差异的详尽具体的数据。我们努力了很多年来寻找这种方法，你替我们找到了答案。我们一开始试图设立一项研究，通过条件反射来找到一些科学数据或者得到一些未知的生理数据。现在你找到了答案，那就是搜集具体的、详细的对婴儿日常行为的经验性描述，以及其他一些可能偶然出现的特殊行为的信息。"

我们现在找到了一种获得信息的办法，那就是向父母提出一些系统的客观的问题再由他们作答，这正是得到他们宝宝行为信息的独特渠道。父母每天甚至每时每刻都跟他们的孩子在一起。而且，他们也非常了解他们的孩子对任何特殊或者突发事件的反应细节。另外一种方法是让一个经过专业训练的观察员在不同的时段待在孩子家中记录孩子的行为细节。但是聘用这样一个观察员所费不低不说，更重要的是这样做还很不够，很多关于孩子对非日常或突发事件的反应行为细节都会被遗漏，除非这个观察员真的在孩子家中住上几个月。

第 5 章

纽约纵向研究（NYLS）

逐渐地我们认识到，在孩子是否会健康发展这个问题上，个体差异扮演了很重要的角色。然后我们对孩子—环境互动中存在的个体差异的实际意义形成了一套很有前景的理论，并且创建了一套具体实际的研究策略来采集孩子个体行为特点的详细信息。

既然到了这一步，我们就准备继续启动一项复杂、前卫的纵向研究。这样一项研究非常辛苦和耗时，需要等待才能得到确切的结论。纵向研究也就是一场赌博！比如，当作为观察对象的孩子 10 岁时，研究才发现某些 1 岁或 2 岁时的信息很关键，这时回头找已经为时已晚，找到的信息已经不可靠或者根本找不到了。

然而，要达到我们的目的，我们除了建立一个追踪孩子成长轨迹的纵向研究，别无他法。在某项评级中，孩子甲可能在2岁时得分很高而在5岁时得分很低，孩子乙却相反——在2岁时得分很低而在5岁时得分很高。只有纵向研究才能对每个孩子进行连续的记录，检测到这种个体变化，而这种变化对于我们理解孩子的心理发展差异可能非常重要。

在此纵向研究中，另外很关键的一点是访谈问题必须集中在孩子的现阶段或者最近一个时期。这种方法可以防止由于时间太长，父母的记忆模糊而对孩子行为描述的不准确［韦纳尔（Wenar），1963］。

父母访谈草案

为了同时得到背景和行为信息，我们建立了一个详细的大纲。背景包括家庭成员、父母职业、简单的分娩与新生儿纪录、对婴儿的日常照顾、父母对孩子个性的描述。问最后一个问题不是为了得到客观的数据，而是作为研究父母态度的一个可能的线索。我们会将此问题设置成开放式提问，并不存在任何诱导性。

日常行为的细节被分类分项目地一一列举出来：睡觉和进食安排、对新食物的反应、大小便、洗澡、剪指甲、梳头发、看医生、穿衣服、脱衣服、对感官刺激的反应、行动能力、对人的反应、对生病的反应、哭的方式。每一项的问题都具体而客观。举一个典型的例子，对于"洗澡"，父母会被问到如下问题：第一次洗澡时宝宝多大？他（她）有什么反应？在接下来几次洗澡时，他（她）的行为有没有什么改变？如果改变了，是逐渐改变的还是突然改变的？宝宝会不会因为在不同的浴盆里洗澡或者给他（她）洗澡的人不一样而有不同的行为？当父母回答任何一个问题时，我们都不会满足于得到一个大概的答案。比如：

问：宝宝第一次洗澡时有什么表现？

答：她非常喜欢洗澡。

问：你能具体说说她是怎样"喜欢"的吗？她是微笑、咯咯地笑还是大笑？是安静地坐着还是高兴地拍打水花？

或者

问：宝宝第一次洗澡时有什么反应？

答：他很讨厌洗澡。

问：你能具体说说他是怎么"讨厌"的吗？是很害怕还是大声哭喊？是绷直了身体，还是扭来扭去？

我们也会问父母他们碰到这样的消极反应会怎么做。他们会安抚宝宝，用玩具吸引他，还是立即将他从澡盆中抱上来？他们怎样让自己的宝宝接受洗澡？在接下来的时间里，他们是会天天给宝宝洗澡，还是间隔几天再洗？需要多长的时间才能让宝宝开心地洗澡？与之前的问题一样，他开心的表现是什么？是微笑、咯咯地笑还是大笑？是安静地坐着还是高兴地拍打水花？

对每一项日常活动，我们都按照这个顺序来提问。这样可以获得关于孩子行为的具体、详细与客观的描述。而且，我们还可以获得父母养育孩子模式的间接但重要的线索。

我们尤其注意当环境改变时孩子的第一反应，比如第一次搬家。如果孩子有任何的行为改变来适应此变化，我们就会详细地记录该行为。

NYLS 的抽样

最初的样本是通过个别联系怀孕家庭或有新生儿的家庭来取得的。之后，这些父母再向他们的亲戚朋友介绍这个试验，而他们对此也非常感兴趣。只有一位妈妈拒绝参加。这些家庭都住在纽约市内或者郊区。这样的取样方法决定了试验对象的背景都是中产阶级或中上层阶级的本地家庭。

我们从1956年开始积累样本，经历了6年的时间完成。87个家庭报名参加了试验，并且在此6年中，这些家庭所有出生的孩子都被纳入了这项研究。最初的样本总数是138个孩子，其中有47个家庭有1个小孩，31个家庭有2个小孩，7个家庭有3个小孩，另外2个家庭有4个小孩。

这些样本一致的社会文化属性对我们的试验是有好处的。我们的目标是研究在孩子成长过程中个体行为差异的特点及其影响。如果我们的样本涵盖了各个不同的社会文化阶层，会增加特殊的干扰因素，这会使得试验更加复杂，甚至混淆我们分析数据的最初目的。我们的确考虑到了这一点，因此建立了另外一项纵向研究，调查对象是95个孩子，他们的父母都是无劳动技能或只有半熟练技能的波多黎各工人。此项研究的数据收集与分析方法和纽约纵向研究一样。这使得我们可以通过对比两项研究的结果来找到重要的社会文化差异。（这些文化和其他文化对气质的影响会在第23章中提到。）

NYLS样本的保持

在任何纵向研究中，如何在长时间内保持样本不流失是一个很关键的问题。一旦任何程度的样本流失产生，我们就找不到一个令人满意的方法，来知道这些流失是否有着能改变数据分析结果的特性。为了减少这种样本流失的风险，我们建立了一系列规则，我们和我们的员工都认真地遵守这些规则。在纽约纵向研究的前3年中，只有5个家庭的5个孩子由于远距离的搬迁而作为样本流失。那个时候我们的资源有限，不能继续与纽约城区外的家庭取得经常联系。在后来的几年里，虽然很多被研究的家庭都搬过家，但随着我们的资源增加，一直到调查对象20几岁的前几年，都没有再出现过样本流失现象。我们上次的跟踪调查是在他们20几岁的中间或者最后几年，我们也只出于某些特殊的原因流失了4个样本。

数据的采集

一开始我们试图寻求从出生开始就获得行为数据的可能性。一项前卫性研究表明，在刚刚出生的几个星期或一个月内，婴儿的行为每天都在发生很大的变化，那样的数据采集和分析是一个相当辛苦和复杂的过程。这并不是否定出生阶段的行为差异，有一些研究工作者已经记录了这些差异［布雷泽尔顿（Brazelton），1973；科纳尔（Korner），

1973］。在刚出生的几个星期里，这种行为的变化可能是由于婴儿的血液里仍存在着从母体中遗传下来的荷尔蒙，接生的过程也可能引起生理上的不稳定性。

进一步的研究表明，大体上，婴儿的行为特点一般会在其第4周到第8周的时候表现出稳定性和连续性。因此，我们在2~3个月时开始对其父母进行访问。在孩子的前18个月里，采访的频率为每3个月一次，此后直到5岁前，改为每6个月一次。然后在7~8岁前改为每年一次。在每个年龄阶段，问题的范围都会扩展，包括新获得的行为能力。

在这些年龄段中，我们会通过观察孩子的学校生活、对其老师的采访、IQ测试以及3~6岁孩子对IQ测试题的反应来收集更多的信息。另外，当孩子满3岁时，我们会特别安排一个采访，以此引出父母对自己的态度和抚养技能的看法。我们还会让父母回忆孩子一些具体行为出现的时间与方式，比如学习使用马桶。父母会在不同的房间里同时接受采访，并且在经过他们同意的前提下，这些采访都会录音以便于后来的记录和分析。由于资金有限，我们的后续研究只能对那些出现明显行为异常的孩子进行临床评估。随着资金开始变得充足，当试验对象16岁时，大多数试验对象本身和其父母都会被采访到。在他们18~22岁的时候又会采访一次，最后的一次采访安排在他们20几岁的中间和最后几年。当他们到了 30 几岁的后几年时，我们还会对他们进行新的采访。

临床评估

由于我们进行 NYLS 的目的是发现个体行为差异对孩子成长的影响，并对正常行为或异常行为进行评估，我们特别注意确保家长或老师能发现每个行为异常的孩子并对此进行全面的临床评估。基本上所有对孩童的精神评估都由切斯进行，对青少年的精神评估由托马斯进行。当试验对象成年以后，个别家长会自己去见其他的精神医师，我们的信息是从他们那里得到的。

当某个孩子的历史行为和精神医师的诊断结果表明有必要时，我们就会对试验对象进行特别的感官、神经学或者心理研究。

在临床评估后，我们会将评估结果跟之前的父母访谈、学校生活观察、老师访谈的数据和心理学测量报告一起进行回顾考察。我们会对导致行为偏差的孩子与环境互动情况进行跟踪记录，并做出最终诊断。我们中的一个会跟家长见面，向他们解释孩子行为的原因并提供管理孩子的建议。关于孩子行为问题的演化规律与我们向父母提供的建议会在本书的第8章、第9章详细介绍。在试验对象进入青春期后，有些父母会寻求心理咨询。如果孩子可以接受，本书的作者们就会提供咨询，最后的讨论会分别与父母和孩子进行或三者集体进行。在少数情况下，孩子的观点会比父母的更加正确。在孩子成人早期，他们会自己提出精神咨询的需求，并且始终会得到研究人员的重视，将其视为我们研究的责任。

父母访谈的准确性

我们研究了一套方法，来记录每个孩子详细的、有意义的信息。之后我们便面临这样一个问题：父母描述的准确性有多高？我们主要通过三种方法来避免父母描述的偏差。第一，我们向父母表示孩子的个体差异是非常正常的，不需要担心他们用一种不利于孩子或者不健康的眼光描述孩子的行为。第二，我们要求父母对孩子的行为进行客观、真实的描述，而不要进行主观的解释。比如，如果一位家长说，"我的孩子不快乐"，我们会要求他描述能证明孩子"不快乐"的行为细节。通过这些细节描述，我们可以清楚地判断出孩子是非常不快乐、轻微不快乐还是根本就没有感到不快乐。第三，孩子出生后头一年半的成长变化非常快，因此我们3个月就采访一次。从1岁半到3岁，采访间隔时间改成6个月，超过3岁再改为1年。

另外，为了检验父母描述的准确性，我们派了两位经过训练、不认识该家庭的观察员分别到18位研究对象的家里，详细记录他们2~3个小时的情况。他们的观察结果与妈妈们的描述显示出非常显著的正相关性。最后，几乎所有的访谈都是在这些家庭的家里进行的，这让我们有许多机会不动声色地观察孩子的行为，这些观察也让我们发现父母描述的准确程度非常高。

最后，我们发现父母可以准确地描述孩子的行为，这一结论也得到了其他研究人员的证实［科斯特洛（Costello），1975；邓恩（Dunn）和肯德里克（Kendrick），1980；威尔逊（Wilson与马塞尼（Matheny），1983］。比如，两位备受尊敬并极具经验的心理学家威兹（Weisz）和西格玛（Sigman）（1993）就强调："通过父母的描述来进行评估是非常有效的第一步，因为:（1）相较于老师或者经过训练的观察员，父母能在更多的情景下与孩子有更多的接触。因此父母对孩子有着非常全面的评估基础。（2）父母可能比孩子有更强的语言描述能力。（3）父母的描述可以同时反映孩子的真实行为与影响行为的文化观念，后者是产生"儿童问题"的最先的因素。"他们通过更加优美的语言加强了我们的观点。

第 6 章

数据分析与气质及其分类的定义与评级

第一轮与父母的访谈涉及 22 个出生 12 个月以内的孩子，访谈每 3 个月进行一次，所以一共有 80 次。我们面临的挑战是如何将这些海量数据进行归类整理并进行评级。我们都是临床医生，没有受过专门的训练对研究数据进行分析。幸运的是，我们的朋友赫伯特·博奇医生（Dr. Herbert G. Birch）拥有不同凡响的天赋，精于调查和系统分析关于动物和小孩研究的数据。我们说服博奇利用我们搜集到的浩繁数据开发了一个分类和评级的系统。在一支精英团队的努力下，我们到 1959 年已经建立了 9 个关于行为个性定义的类别，并开发了一套用归纳内容分析对这些类别进行评级的方法。

年轻而前途无量的精神病学家迈克尔·拉特医生（Dr. Michael Rutter）对我们的概念和数据非常着迷，他对儿童的行为个性在其成长中的重要性抱有疑问。1962年，他获得"英国学术奖学金"到美国学习研究方法，并决定花6个月时间与我们和博奇医生一起工作，研究我们的纽约纵向研究数据。当时，我们创造了一个术语叫"主要反应模式"（primary reaction patterns），用以对个体行为特性进行描述。但我们对这个术语并不满意，它显得蹩脚又模糊。"主要"和"反应"到底意味着什么？拉特也对这个术语提出了批评，不过他马上就给出了答案："'气质'（temperament）一词就是一个简单而有意义的术语，长久以来它就在专业领域里广为使用，因此我们应该用这个术语，而不是什么'主要反应模式'。"我们立即同意了他的建议，接受了"气质"这个术语，并与他还有博奇一起确定了术语的详细定义。多年来，拉特医生是国际公认的儿童精神病学领域的权威，最近他还被英国政府授予爵士头衔，以表彰其专业工作的重要作用。

气质的定义

也许对"气质"最好的理解是将其视为一个笼统的术

语，专指行为中"怎样做"的方面。它不同于"能力"，后者指的是行为中的"做什么"和"做得怎样"的方面；它也不同于"动机"，后者主要解释一个人"为什么"会做他或她正在做的事情。相反的是，"气质"主要涉及的是一个人的行为"方式"。两个儿童也许穿衣服同样娴熟，骑自行车同样灵巧，并且做这些事情时具有相同的动机。两位青少年也许展示出相似的学习能力与智力兴趣，他们的学习目标也许恰好一样。两个成年人也许在工作中展示出相似的专业技能，并且出于同样的原因献身于他们的工作。然而，这两个儿童、两个青少年或两个成年人或许在以下方面的表现天差地别：行动的快捷性，接触新事物、新社交环境或者新任务时所表现出的安逸度，情绪表达时的强烈程度和特征，他们专注某项活动时别人为转移其注意力所花的力气等等。

"气质"可以与另一个术语"行为风格"（behavioral style）同等看待。这两个术语都指行为中的"怎样做"而不是"做什么"（能力与内容）或者"为什么做"（动机）。按照这个定义，气质是一种现象学术语，与原因论或不变性没有关系。与其他生理特征如高度、重量、智力和认知技能等一样，在发展过程中，气质的表现甚至其本质都受到环境因素的影响。

九个类别

博奇医生确定了气质的九个类别之后,我们与他一道进行了审查,对这些术语进行了稍许修改,并获得了他的认同。我们在进行父母访谈的时候自己划分了一些类别,其中有部分与博奇的九个类别相对应,不过他的定义比我们的更为精确,而且我们忽略了他确立的几个类别。对于我们三人来说,这些类别很有意义,符合我们对一个儿童的行为做出有意义的概括之实际目的。现在,我们使用"气质"这一术语,对气质的九个类别、各自的定义和评级进行分析。

1. 活跃水平(Activity level)。某个特定儿童的行为中表现出的行动要素水平,以及每日活跃和不活跃时间的比例。

2. 节奏性(规律性)[Rhythmicity(regularity)]。在任何行为中表现出的可预见性和/不可预见性。它可用睡眠—清醒周期、饥饿与喂食模式、排泄时间来进行分析。

3. 趋避性(接触或排斥)(Approach or withdrawal)。对于新的刺激物如食物、玩具或者陌生人所做出的最初反应的性质。接触反应是积极的，无论是通过情绪表达（微笑、言语等等）还是动态行为（吞食新的食物、伸手拿新玩具、玩耍活跃等等）表现出来。排斥反应是消极的，无论是通过情绪表达（哭闹、大惊小怪、做鬼脸、言语等等）还是动态行为（走开、把新事物吐出来、把新玩具推开等等）表现出来。

4. 适应性（Adaptability）。对新的环境或者环境变动做出的反应。适应性不是指最初反应的性质，而是指最初的反应朝着正确的方向进行调整的容易程度。

5. 反应阈（Threshold of responsiveness）。指足以引发明显反应的刺激强度，与反应的具体形式无关，也与受影响的具体感官无关。反应行为是指针对感官刺激、环境物体和社交而做出的行为。

6. 反应强度（Intensity of reaction）。反应的能量水平，与反应的质量或者方向无关。

7. 情绪质量（Quality of mood）。指愉快、欣喜和友好的行为与不愉快、哭闹和不友好行为数量之比。

8. 注意力分散度（Distractibility）。指外在环境刺激因素干扰和改变现行行为的有效性。

9. 专注度与耐力（Attention span and persistence）。这

是两个相关的类别。专注度指儿童从事某项活动的时间长度。耐力指在面对困难时继续从事某项活动，以保持活动的方向。

类别评级

每一个类别的评级是通过单项打分得来的。对于每一项单独的客观行为，按照3分制打分：高、中和低。为避免光环效应，每一次访谈记录都只对其中的某个类别打分，对一个特定儿童的父母进行的连续访谈不会连续打分。对每个儿童每个类别的分数，都使用简单的数量加权评分。对任何一个类别中的单项打分时，程度温和为0分，中度为1分，高度为2分。将总分相加，再除以单项的总数，得到最后分数。比如，一个类别的单项评分为：5个0分（0），7个1分（7），和8个2分（16）。这些分数相加为23分。单项的数量为20项（5+7+8）。将总分23除以单项总数20，得出加权分1.15。通过这种计算方法，在考虑研究对象在气质类别中所有各项的情况之后得出一个分数——温和、适中与严重。

三大气质群集

我们两人在进行父母访谈时，除了确定上述九个分类外，还获得了一个印象甚至深信不疑的是，一些儿童的行为特征显示，他们属于三种特别的集群之一。这些集群并非独立于九个分类之外，而是几个分类的集合，看起来具有重要的意义。

第一个集群的特征是规律性、对新刺激物做出积极响应、对变化的高度适应性、情绪反应温和或适中且主要是积极的。这些儿童很快养成了定期睡眠和进食规律，轻松适应多数新的食物，常对陌生人微笑，容易适应新的学校，对多数挫折淡然接受，并且毫不费力地接受新游戏的规则。这样的儿童被称为"随和儿童"（easy child），这是恰如其分的，他们往往是父母、儿科医生和老师的快乐。在我们的纽约纵向研究样本中，这类儿童大约占40%。

处于气质系列另外一端的集群则显示出生理周期的无规律性，对新刺激物的消极抵制反应，对变化的不适应，情绪反应激烈且通常为负面反应。这些儿童的睡眠和进食无规律，难以适应新的事物，接受新的日程安排、新人或者新环境需要较长的时间，而且哭闹相对频繁且声音很大。他们笑起来也很大声。遇到挫折他们通常会大发脾气。这些儿童被称为"棘手儿童"（difficult child），母亲和儿科医生发现这些儿童的确很难对付。这类儿童在我们的纽约纵向研究样本中大约占10%。

一些人对"棘手气质"（difficult temperament）这个术语提出反对，因为"棘手"往往含有贬义，忽视了这类儿童实际上可能展示出的重要气质因素中的积极方面。有人建议使用"好动气质"和"精力充沛气质"这类术语，它们含有褒义。这些术语是有用的，因为我们有必要认识到，一个棘手的儿童也是完全正常的。不过，人们用得最多的是"棘手气质"这个术语，因为它已经在气质研究和相关著作中由来已久。

对每一个研究对象，要获得其随和或者棘手气质的加权分数，方法是将这两类集群涵盖的五个分类（规律性、趋避性、适应性、情绪质量和反应强度）的加权分数相加，然后除以5。总加权分数高（反应强度分项低）的儿童属于"随和儿童"，总加权分数低（反应强度分项高）的儿童属于"棘手儿童"。

第三个值得关注的气质集群的特征是对新刺激物做出程度温和的消极反应，同时在不断的接触之后缓慢适应。与棘手儿童相比，这类儿童的特点是无论是积极的还是消极的情绪反应，程度都较为温和，而且在生理机能方面也较少呈现无规律性。对新刺激物做出温和消极反应的情形包括第一次洗澡，接触新食物、陌生人、新地方或者新学校。如果有机会反复接触这些情境，并且不承受外来压力的话，这类儿童会逐渐地显露出平静和积极的兴趣，并能融入环境。具有这类反应特征的儿童被称为"慢热型儿童"（slow-to-warm-up child），这个称呼虽然并不是特别光彩夺目，但还是非常适切的。我们的纽约纵向研究样本中大约15%的儿童属于这一类。

衡量这类气质的加权分数计算方法与随和儿童和棘手儿童的计算方法相同，只是有两个例外。标志棘手气质的五项高分，除了规律性和高强度外，都为低强度所替代。换句话说，慢热型儿童的气质加权分数与棘手儿童类似，只是不包括无规律性，而且强度为温和到适中，而不是像棘手儿童一样高。

从上面的统计可以看出，并不是所有儿童都属于这三类气质群体之一。其原因就是不同的儿童呈现出多种不同的气质特征组合。而且，即使是属于这三类气质群体的儿童，他们之间也表现出相当大程度的差异。有些儿童几乎在所有场合都特别随和，另外一些则是相对比较随和，且不是在所有场合都如此。少数儿童面对各种新环境、对各项要求都不随和；另外一些只偶尔表现这些特征，而且程度相对温和。对有些儿童来说，很容易就可以预见到他们对各种新环境适应较慢；另外一些则只在面对某些新刺激或者要求时表现出慢热，而在另外一些情境下则适应很快。

值得指出的是，各种气质集群都代表正常范围内的波动。任何一个儿童的气质表现可能随和、可能棘手或者慢热，任何一个儿童活跃程度可能高，也可能低；注意力可能容易分散，也可能不容易被分散；耐力可能差，也可能强；在就某一个具体的气质特征进行的抽样调查中，也可能会获得极端的分数。但是，这样的非正规评分并不能作为精神病学的标准，而只是正常儿童展示出来的各种迥异行为风格的指示器。

针对5岁以内儿童，他们每一年在九种气质分类上所获得的纽约纵向研究评估分数，需要进行因素分析，以确定是否能做出具有统计意义的气质类别划分。最大方差法已证明是最为有用的方法，并且围绕它开发出了三个因素。其中之一的因素A满足5年期间相对一致性这个标准。这个因素包括接触/排斥、适应性、情绪和反应强度。这5年期间的每一年，因素A各项的分数均呈正态分布。

构成因素A的气质特征群与用于辨识随和儿童和棘手儿童的定性分析所涉及的特征群密切对应，这一点具有重要意义。这个定性分析的分类在因素分析之前就已经完成，随和儿童与因素A的高分对应，再加上规律性，而棘手儿童与因素A的低分对应，再加上无规律性。

气质问卷调查

我们进行的纽约纵向研究有关气质的第一个专业报告发表于1957年。自那时以来，其他的心理健康专业研究和临床人员对我们报告中设计的系统性的气质分类和评分结构也发生了兴趣。一个重要的问题随之而来：我们的数据收集和评分程序非常耗时。很多气质相关研究需要有更快速的方法。1970年，儿科医生威廉·凯里博士（Dr. William Carey）与心理学家西恩·麦克德维特博士（Dr. Sean McDevitt）一道，根据我们在纽约纵向研究中确定的分类和定义（凯里，1970），设计了一个简短的面向父母的儿童气质问卷。这份问卷因在学术和临床研究中非常实用，所以随后很快被广泛采用。这种省时的问卷调查方法催生了针对儿童期（凯里，1986）、青春期［莱内尔（Lerner），帕勒莫（Palermo），斯皮诺（Spiro）和内塞尔罗德（Nesselrode），1982］和成年早期（托马斯等，1982）各年龄段的气质问卷。

一些研究人员对我们的气质分类进行了修改，有的甚至完全换用了别的类别。但到现在为止，事实已经证明，我们基本的气质分类及评分方法在有关儿童个体差异的研究——不同民族、阶层、文化特征、认知水平和发展偏差——中仍行之有效。

第 7 章

气质调查的临床访谈

我们为父母提供了一份相对简短的临床访谈。完成访谈通常需要 20~30 分钟，比问卷调查时间短，但为临床医生提供了更多的信息。

在对父母态度和做法、家庭关系和社会结构影响进行评估时，有些细节至关重要。而要对儿童气质做出精确的诊断，需要在收集相关数据时，对这些细节予以同样的关注。很自然，临床医生事先不会掌握儿童成长进程中行为描述的材料，他们也不会有关于家庭内部和外部环境影响的数据。所有的信息——无论是关于气质的，还是关于发育过程中的重要里程碑、医疗史、父母养育模式或者是特殊的环境事件——都是事后收集的，临床医生必须对报告中数据的准确性、完整性和相关性进行评估。根据本书作者的经验，获取用于气质评估的数据并不比获取其他方面的临床史材料更难。有些父母能提供关于孩子过去和现在行为的详细、真实和准确的描述。另外一些则只能提供含糊笼统和主观的报告。不管是哪种情况，都必须确认数据的准确性，方法是直接观察儿童行为，并且在有可能的条件下，从多渠道获取相关信息。

基本临床史中有一些项目，比如儿童成长史和病史，常常能提供与儿童气质相关重要问题的线索。比如说，一位 12 岁男孩的父母反映，孩子不能从事与其智力水平和年级匹配的学习，也无法完成相应的家庭作业，他曾从事各种爱好如音乐课与石头收藏，但都很快失去了兴趣。他的父母还反映说，虽然孩子明显很开朗，而且也不怀恶意，但他完成日常事务往往会花费过多的时间。他可能准备上床睡觉，但可能 15 分钟后父母发现他还在玩感兴趣的游戏、与兄弟玩耍，或者跟奶奶交谈。综合上面的问题表明，注意力容易转移的气质特征可能是造成孩子问题的重要因素。

在另外一个案例中，一位 9 岁女孩的父母反映，孩子发现很难从事新的爱好活动，也很难融入同龄的新团体，因此往往尽量回避新的环境。这个问题显示，女孩的气质可能是对新体验做出的第一反应就是抵制，可能这个倾向与父母反映的行为障碍有关。

在了解基本的临床史后，可以对孩子婴儿期的气质特征进行系统性的问询，但要记住，有必要对引起问题行为的其他可能的原因进行调查。问询时可以以一个笼统的问题开始："在你把孩子从医院带回家后，在前几周或者前一个月中，他或她是什么样的？"

父母对这类问题最初的回答往往也很笼统："他很棒。""他没日没夜地哭。""她神经兮兮。""她让人快乐。"

下一个问题仍然是开放式的："你能更具体地说说你的意思吗？"

父母对第二个笼统问题的回答通常会包括一些有用的行为描述，可以帮助对孩子气质做出判断。要获得更进一步的信息，需要进行更具体的问询，最经济的办法是每次先对一个气质特征进行定义，然后询问相关的问题。所问的问题必须有针对性，以获取对某些行为的具体描述，然后据此对孩子的气质特征做出估计。下面针对新的分类中的每一项提供了问题列表。

临床访谈问题

活跃水平

你的孩子有多活跃？他是到处乱走，还是非常安静？还是介于两者之间？如果你把他放在床上小睡，而他花了10分钟或15分钟才睡着，你是不是需要进去重新弄好被子，还是你知道孩子不会弄乱被子？如果你给她换尿布的时候发现够不着爽身粉，你能否放心地快速过去取并马上回来，而不用担心她会翻身掉下来？你是不是给她换尿布、把T恤从头上脱下来或者给她穿衣服的时候很费劲，因为她老是扭来扭去？还是你相信她在穿衣服的时候会安安静静？

节奏性

你如何安排孩子的喂食？你能否说出在他6周（2个月、3个月）的时候，他在一天中的什么时候会饿，什么时候犯困，什么时候醒来？你的孩子是每天都按照这个节奏还是每天变化很大？如果每天都不一样，变化有多大？他每天什么时候排便（时间和次数）？是有规律，还是每天不一样，还是完全可以预计？

父母通常都能回忆起这些事情。他们会说："她就像钟表一样准时。""我总是搞不清楚什么时候可以开始长时间做事，因为今天她可能睡上一长觉，第二天则睡不足 15 分钟。"或者，"我以前常会试着在她排完便给她擦干净之后带她出去呼吸一下新鲜空气，但我从来也搞不清楚她的规律，因为她的排便时间每天都不同。"

适应性

你会怎样描述你的孩子对环境变化的适应方式？比如说，当他不再用婴儿浴盆而用浴缸洗澡时，如果他没有马上适应这个变化，那么你预计他是会很快习惯用浴缸还是用了很长时间才习惯？（如果父母回答"很快"或者"很长时间"，那就需要他们具体说明是几天或者几个星期）。如果孩子对陌生人的第一反应是负面的，那么她花了多长时间才与这位陌生人相熟？如果第一次给她喂食某种新食物的时候她拒绝接受，那么你是否预计她会或迟或早喜欢上这种食物和大多数别的食物？如果是的话，那么在每天或者一周有几次给她这种新食物，她会花多长时间喜欢上它？

接触/排斥

你的孩子面对新事物的时候如何表现，比如第一次用浴缸洗澡、给他喂食新食物、第一次由新的人来照看？他是大吵大闹,还是没有反应,还是似乎喜欢新事物?你是否记得在她婴儿期的时候做出过一些什么改变,比如换新床、参观新地方或者永久搬家?描述一下孩子在这些场合下最初的反应。

反应阈

你怎样评估孩子对于噪音、冷热变化、他看到或尝到的东西以及衣服质地的敏感度?对这些事情他是看起来非常敏感还是没有什么反应?比如,在孩子睡觉的时候,除非他醒着,是否其他时间你都不得不踮脚走路?如果醒着的时候听到轻微的响动,他是不是常常注意到并且朝着声音的方向看过去?明亮的光线或者太阳光会不会让他眨眼或者哭闹?当一个熟悉的人戴着新眼镜或者梳着新发型第一次出现在她面前时,孩子的行为是不是看起来表明她已经注意到这个人的变化?如果她不喜欢的一种新食物与她非常喜欢的老食物一起放在勺子里,孩子是否仍然注意到新食物的味道并且拒绝品尝?你是否在给她穿衣服时得特别当心,因为有些衣服质地很粗糙?如果是这样的话,具体说出她不喜欢的东西。

反应强度

你是怎么知道孩子饿了的？他是尖叫，还是咆哮，抑或是介于两者之间？你是怎么知道他不喜欢一种食物的？他只是静静地将头从勺子方向扭开还是开始大声哭闹？如果你握着她的手给她剪指甲而她不喜欢这样，她是小小地闹腾还是猛烈地反抗？如果她喜欢某个东西，她通常是微笑并且低声叫喊还是会大声笑出来？总的来说，你觉得她喜欢大声还是轻声表达她的高兴或不高兴？

情绪质量

你怎么知道孩子喜欢某种东西或是不喜欢某种东西？在父母描述了在这些方面婴儿的行为表现后，应该问他们孩子满意的时候多还是不满意的时候多，并且问问他们结论的根据是什么。

注意力分散度

如果孩子正在吸奶瓶或者母乳的时候听到声音，或者另外一个人从旁边经过，他是会停止吸吮还是继续吃奶？如果她饿了并且奶瓶在加热的时候她闹腾甚至哭叫，你能否轻易地转移其注意力，抱着她或者给她一个玩具就可以让她停止哭闹？如果她正在玩耍，比如盯着自己的手指或者一个有声玩具，其他的东西或者声音会很快引起她的注意还是很慢？

耐力与专注度

如果孩子做一件事情，他通常是长时间坚持做还是持续时间很短？比如，介绍一下他一个人全神贯注做某件事最长的时间是多少。那时他多大？在做什么事？（如玩摇篮健身房或者看手机）。如果她伸手去拿东西，比如浴缸里的玩具，但是不容易拿到，她会继续去拿还是很快就放弃？

三大气质集群

我们通过临床访谈确定了气质九个分类后，就使划分三大集群成为可能：随和、棘手或者慢热型气质。方法很简单，就是将一些具体的分类组合起来，划分为一个集群。因此，一个没有规律、排斥新事物、适应力弱、情绪消极并且反应激烈的儿童可以划分为棘手气质群，用类似的方法将相关的分类进行组合同样可以划分出随和或者慢热气质。

在收集完儿童在婴儿期的气质特征数据后，下一步就是确定那些表现得很极端的特征，和/或那些似乎与孩子现在行为偏差模式密切相关的特征。然后，在其后的成长阶段对这些气质特征进行跟踪调查。因此，如果婴儿期的纪录显示出明显的注意力不集中特点，就有必要收集在其后的年龄阶段和不同生活环境下如玩耍、上学和做家庭作业等所表现出的与注意力不集中有关的行为数据。与其类似，如果现在父母反映，孩子发现很难开始做新的事情或者加入同龄的新团体，而且其早期的气质纪录显示其具有对新事物首先持排斥心理，并且适应很慢的气质模式，那么重要的就是要收集孩子成长过程中的不同阶段对新环境和新要求的最初反应模式数据。

评估儿童气质的最后一步就是对现在表现出的气质特点进行衡量。关于现阶段行为的信息通常比关于过去行为模式的信息更为可靠，因为前者遗忘的可能性低，而且也不会由于事后回顾产生扭曲实际的情况。对现在行为的研究应努力涵盖所有的气质分类，并且集中于那些看起来与现在的症状最密切相关的方面。

活跃水平也许可以通过孩子的行为偏好来衡量。孩子是宁愿安静地坐上很长时间来做一些事情，还是更愿意找机会进行积极的体力活动？在那些要求坐很长时间才能完成的日常事务中孩子的表现怎样？比如，他或她能否整顿饭期间安坐不动而不找机会走动？在乘火车或者汽车长途旅行时，是不是因为孩子不安分而不得不多次停下来？

节奏性可以通过有关孩子的习惯和规律性的问卷来了解。比如，孩子是否在可以预计的时间定时犯困？他或她是否有与饥饿相关的任何有特点的日常习惯，如放学后马上吃零食或者在晚上吃零食？孩子的排便有规律吗？

适应性可以通过考虑孩子对环境变化的反应来确定。孩子对于家庭作息规律的变化是否调整很快而且很快适应？他或她是否难以适应新教室环境或者一位新老师？孩子是愿意顺从其他孩子的偏好还是总坚持从事只有自己感兴趣的活动？

接触／排斥，也就是儿童对新事物或者新人的反应模式，可以通过多种方法衡量。这方面的问题设计可以针对孩子对新衣服、新来的邻家小孩、新学校和新老师的反应情况。在家人计划全家远足的时候孩子态度如何？他或她是否很乐意尝试新食物或者新的活动？

在衡量反应阈时，年龄大的孩子比年龄小的孩子更难了解。不过，有时候也可以通过不同寻常的反应特点来获得孩子反应阈的信息，比如对噪音、视觉刺激或者粗糙的衣服超级敏感或者明显没有任何反应。

反应强度可以通过孩子表达失望或者愉悦的方式来衡量。如果发生了令人愉快的事情，孩子是常常表现出温和的热情，还是一般的愉悦，还是极度兴奋？孩子不高兴的时候，他或她是安静地表示不满还是充满了愤怒或者焦虑？

情绪质量通常可以通过父母对孩子表达情绪的大致情形的介绍来了解。孩子是在绝大多数时候都感到高兴和满足，还是永远在抱怨，不高兴的时候居多？

注意力分散度的问题，哪怕眼下并不存在，也可以通过父母对孩子日常表现的描述中看出来。孩子是否常常在开始做一件事后，中途会被别的事情吸引过去，比如兄弟姐妹所做的事情、硬币收藏，或者所见所闻的任何事情？还是与之相反，一旦开始做一件事情，孩子就对周围的一切视而不见听而不闻？

耐力与注意力专注度方面的数据，大一点的孩子比婴儿的数据通常更容易收集。面对困难时表现出的耐力程度，可以通过在游戏、拼图、体育活动如学骑自行车以及学校功课等方面的表现来测定。与之类似，在掌握这些活动技能之初所遇到的困难得以克服之后，孩子在从事这些活动时的专注度也可以测定。

在很多情况下，关于气质方面更进一步的数据可以通过询问老师或者熟悉孩子行为习惯的其他成年人而获得。对于这类咨询，可以采用与咨询父母有关孩子过往表现的同样方法，不过要进行适当调整，以便集中在所问询对象熟悉的孩子行为方面。在临床游戏访谈或者在心理测试过程中观察孩子的行为表现，也可以提供关于孩子活跃水平、接触/排斥倾向、反应强度、情绪质量、注意力分散度、耐力与专注度等方面的有用信息。而需要根据孩子在一段较长时期内的表现情况才能判定的气质特征，如规律性和适应性，则无法从上述短时间内的一次观察就可以了解。临床观察与测试的特性，决定了与孩子感觉阈值相关的行为通常是观测不到的。

第 8 章

拟合优度的概念

在跟踪纽约纵向研究对象时，我们特别注意到那些表现出行为障碍的确定症状的孩子。该项目的一个主要目标是探索孩子行为障碍的病源与动态。所以，当父母或者访谈员工反映某个孩子表现出任何具体的行为障碍症状时，这个孩子就会被引见给我们中的一位（切斯）进行系统和全面的个体研究，然后会做出一个诊断性的结论，将其行为问题划分为正常、轻度、中度或严重程度。在确定障碍类型时，通常采用的是美国精神医学学会所发《精神障碍的诊断与统计手册》第三版（DSM-Ⅲ）中划分的标准，如调整障碍、行为障碍、抑郁和脑损伤等等。

第二步要求进行构想，包括对特定的孩子身上多重因素相互作用的动态过程做一个全面的概念化假设。将特定年龄段各种功能相关的变量确定出来，比如，确定是什么原因决定了这些变量之间相互作用的结果，致使孩子发育正常或者表现出病态；确定压力和过度的压力是如何产生又是如何得到解决的；确定焦虑和自我防御机制是如何产生和演化的。

为了回答这些问题，要对临床检查的结果以及所有最新的纽约纵向研究数据进行审查。在一次又一次的审查中，我（切斯）在绝大多数时候被孩子—父母互动过程具体性质的相关性所震撼。这个互动过程对现在流行的假设——孩子的问题是对不健康的母亲影响的直接反应——提出了挑战。相反，这些互动的影响是双向的，父母的所作所为影响孩子的行为，同样孩子的气质与其他特征也影响父母的态度与行为。我得出结论，在分析父母—孩子互动时，不仅应分析父母对孩子的影响，还应该同样分析孩子的个体特征对父母的影响（托马斯，切斯和博奇，1968）。

在互动这个笼统的过程的具体应用中，我在60年代早期发明了"拟合优度"（goodness of fit）这个术语以及相关的调和与不调和等概念，以便于进行概念总结。我将这个概念推荐给亚历克斯（Alex）和博奇，他们都立即接受，认为这是个有意义的重要概念。于是我们三人着手对这个概念进行阐述。

"拟合优度"概念的定义

当一个有机体的能力、动机与行为风格和外在环境要求与期望一致时，结果就是达到拟合优度。有机体与环境之间的这种协和能促进最优化的良性发展。另一方面，如果有机体的能力和特征与环境的机会和要求不一致，就会产生拟合差度，结果导致适应不良和扭曲发展。

下面引用两个案例来阐述拟合优度的概念。

案例一

格劳丽亚从婴儿时起，生理活动就没有规律，而且对新的食物、人、地方和日常安排都很抵触。虽然最终她大部分都适应了，但这个过程非常缓慢，似乎花了漫长无尽的时日。面对新的刺激物，她强烈地表现出不舒服，而且从幼儿期起，她经常突然大发脾气，而且经常是在公共场合如超市和街道拐角——都是些需要点限制以满足安全或其他社交目的的地方。这类冲突每天都会出现很多次，以至于格劳丽亚的情绪多数时候都是负面多于正面。到她4

岁的时候，她的父母寻求帮助。她父母描述她是一个"棘手""精力充沛""难对付"的孩子。

让人感兴趣并且让人放心的是，格劳丽亚也常常在行为中表现出另一面。一旦她与新的人、地方和安全规则变得熟悉了，她就常常会表现出具有感染力的快乐。从气质的观点来看，她快乐的强度与她不快乐的强度相匹配；与一个正在大发脾气高声尖叫的孩子互动，和在她快乐若狂情绪无比愉悦的时候互动，两者天差地别。

格劳丽亚的父母劳先生与劳太太虽然非常清楚他们的职责是保障格劳丽亚的安全和健康，按照她的成长步伐逐步教给她社交规则，让她体验各种经历，但这些原则很难付诸实施。在他们的求助过程中，我们中的一位对他们的态度和行动进行评估时很清楚地发现，格劳丽亚自己的气质个性对她父母的行动已经产生了明显的影响。一次又一次地，他们已经开始减少带她去那些需要适应性的场合——哪怕那样做最终肯定会是令人愉快的。劳太太趁着格劳丽亚午睡的时候才去购买食物。全家很少一起在餐馆就餐。家里的例行安排之一是外出游玩，因为还有另外两个孩子，但他们总是会正确地预计到，期间一定会发生一些令人扫兴的事情。这对父母发现，他们越来越多地让格劳丽亚无功受禄得到一些特殊的奖赏，以求得和平；对她的无理要求让步；或者做出复杂的安排，在全家外出的时候让格劳丽亚与奶奶待在一起。不过格劳丽亚还是很遵守安全规则。她不会触碰尖东西，拿她的钝剪子时也注意尖头朝下，而且在要过马路时可以相信她一定会在街区尽头等着爸爸妈妈，以便牵着他们的手过马路。这些习惯也是慢慢养成的，期间还经过了很多的反抗甚至是身体上的挣扎，但她的父母知道，在这些问题上决不能妥协，所以现在上述的做法已经成了她的习惯。

格劳丽亚父母的目标很容易分为几类：（1）他们必须结束格劳丽亚成为家庭暴君的局面，以免她和他们最终定型为那样的角色；（2）她很快到5岁就要上幼儿园了，他们必须让她为适应上学要求而做好准备；（3）他们必须不再把她当成家庭怪物，并且阻止她真的成为怪物。

不过，在格劳丽亚的气质个性与她父母的处理方式之间的拟合度明显非常差，而她父母光靠自己不可能达成他们的目标。我（切斯）设计了一个父母指南，向他们推荐了一系列具体方法来改变对格劳丽亚的做法。

首先，向他们解释了将拟合差度转化为拟合优度的基本策略。在孩子刚出生几个月里，父母最基本的任务就是保持孩子的营养、清洁和健康，只需简单顺应孩子的气质个性，按照普通孩子的睡眠、进食和排便规律安排作息，就可达到目标。他们了解到，当孩子首次接触新食物的时候，会拒绝进食并吐出来，同时哼哼唧唧或者又哭又闹。他们后来发现，在经过几个星期之后第七次给她进食这种食物的时候，她张大嘴巴吃了下去，并且对他们报以微笑。通过重复，他们帮格劳丽亚实现了拟合优度。同样的模式也在洗澡问题上出现，婴儿第一次盆浴时拼命反抗的可怕情形在三个星期后变成了欢乐时光。

但是当格劳丽亚到了三四岁，需要更复杂的积极行为模式的时候，婴儿时期的这些积极成果就完全变样了。他们在孩子婴儿时期能够处理的一些简单事情现在就是无法应付。盆浴就是一个典型的例子。为了节省时间，他们给三个孩子同时洗澡。因为格劳丽亚和她的弟弟妹妹都喜欢这样做，所以洗澡的时候是一天中的快乐时光。但是当他们被抱出澡盆的时候，珍妮和劳瑞开始玩在同一条浴巾里抱在一起的游戏，然后试着自己穿睡衣，准备听睡前故事，但格劳丽亚却不是这样。她坚持待在浴盆里，当妈妈最后把她拎出来的时候就尖声惊叫。她的爸爸妈妈就努力向她解释说，珍妮和劳瑞洗完澡后都是高高兴兴的，她也应当如此。如果她继续尖叫，就会毁掉弟弟妹妹的欢乐时光，睡前故事也没法进行。当格劳丽亚尖声喊"不，不"的时候，他们将其理解为："你们毁掉了我洗澡的快乐时光，我也不在乎毁掉弟弟妹妹的快乐时光。"然后他们就会对格劳丽亚发脾气，批评她故意想把父母的注意力从另外两个孩子身上转移到她一个人身上。通常事情都会变得一团糟——格劳丽亚和父母都会大喊大叫，互相指责对方的不是，而另外两个孩子则在一旁眼泪汪汪。最后，当战火平息，孩子们终于睡下的时候，格劳丽亚的父母都觉得筋疲力尽，对格劳丽亚气愤不已。

由于格劳丽亚的父母认定她怀有一个4岁孩子不可能有的非常复杂的不良动机，她们之间的拟合差度就很明显了。不过，由于他们真心寻找与格劳丽亚建立亲密关系的方法，所以在格劳丽亚还是婴儿期间他们自发地尊重她的气质个性、照顾她的需求，现在他们希望在一个叛逆的4岁小孩身上达到同样的目标，这两者之间是不难找到相似之处的。首先，有必要将格劳丽亚的尖叫、她想延长洗澡时间的愿望和她宣称"我恨你们"的说法重新解读为只不过在表达一个简单的心愿——因为她喜欢洗澡，所以她希望在澡盆里多待一会儿。表达这个愿望的是一个孩子，这个孩子不适应改变和过渡，她也习惯用强烈的方式表达情感，而且从成长和智力的角度来看，她根本不可能知道这样做是在破坏其他所有人的快乐。

格劳丽亚的父母要解决问题，即努力达到拟合优度，第一步应该是设身处地地站在她的角度看问题,理解和接纳她的感受。在给另外两个孩子涂爽身粉准备睡觉的时候,可以让格劳丽亚继续待在澡盆里。当浴盆里的水放干,她被抱出来尖声哭闹的时候,可以将她裹在浴巾里放在一个安全的地方,告诉她现在是睡前故事时间,如果她停止哭闹就可以一起来听。没有冲突发生,取而代之的是一种表态:日常作息照常进行,欢迎她加入。她没有因为情绪激烈而受到惩罚。任何她不想看到的结果如错过睡前故事都是她自己的行为造成的。由于她的父母没有跟她吵闹,当她准备好接受父母安排的时候,她就可以获得真心的接受。有了这种策略,格劳丽亚逐渐加入了洗澡后的欢乐时光。

在洗澡问题上的这种做法延续了几个星期后,格劳丽亚的父母准备着手解决下一个看起来不可能解决的问题。同样,他们觉得格劳丽亚喜欢我行我素,这一次指的是她睡觉不规律。她在睡觉的时候大惊小怪,不断说话,打扰了困意浓厚的珍妮和劳瑞。他们吓唬她,责骂她都不管用。同样,了解了格劳丽亚独特的气质特性后,他们就找到了解决之道。格劳丽亚并不是有意要打扰弟弟妹妹,也不是有意要跟父母争权。她只是不困罢了。一旦认识到这是格劳丽亚长期以来的特点,问题就迎刃而解:将珍妮和劳瑞放在爸爸妈妈的房间里睡觉,让没有睡意的格劳丽亚待在自己房间。规则是，如果没有真正紧急的要求，不许离开房间或者叫爸爸妈妈；房间可以开着灯；可以一个人安静地玩耍。整个过程没有任何争斗。毕竟，如果爸爸或妈妈睡不着，那么他或她独自在另一个房间看书也不是问题。既然格劳丽亚的父母不允许她因为作息不规律而变成一个暴君，她也就明白了，她必须尊重弟弟妹妹要睡觉的需求和她的爸爸妈妈想安静待一会儿的需求。在拟合度差的时候经常发生的毫无益处的权力争斗已经消除，取而代之的是符合拟合优度的日常安排。这种安排恢复了父母的权威，格劳丽亚的气质个性重新获得尊重，教会了她适合其成长阶段的社交经验，而且使父母与孩子的关系以及孩子的成长步入了积极的轨道。

案例二

一位母亲被引荐给我（切斯），她对自己的儿子杰米有诸多不满。他总是无法按时完成上学的准备工作，不过他喜欢上学。杰米9岁，父母、朋友和老师都认为他是一个体贴的孩子，常常愿意主动帮助别人；他很容易适应计划的改变，而且看起来与新朋友和老朋友相处同样轻松。与这个孩子相处是一件快乐的事情。他妈妈的朋友不明白她为什么老是抱怨，不过他们也承认杰米容易忘事。他常常外出时将外衣落在沙发上，记不起来家庭作业放在哪里，忘记出门的时候要扔垃圾，上床睡觉总是磨磨蹭蹭。除了忘性大之外，他还对衣服特别挑剔——这条裤子太紧，那条太粗糙；衬衣的标签太挠人。只有一件外套合他的身。当杰米的妈妈开始说杰米"就是要让我日子不好过"的时候，危险的信号就出现了。很显然这是母亲与儿子拟合度差的例子。杰米妈妈的说法是，既然杰米的弟弟能够记得并穿上她头天晚上给他拿出来的衣服，那么杰米作为哥哥也应该能跟弟弟一样做到。而且由于别人没有抱怨过他，杰米的恼人行为一定是针对她的。

对杰米气质特点的分析结果很有启发性。他的高度接纳性，快速的适应性，以及积极的情绪都使他在大多数方面受人欢迎。但是从婴儿时期起，他注意力不集中的特点也很明显。在年幼的时候，这个特点不成为问题，因为当他玩危险或者易碎物品时，大人很容易有意将他引开。长大点之后，他能继续从各种有吸引力的东西中找到刺激。由于高敏感性（或者叫低反应阈），他能够在白天发现天上的月亮，注意到母亲的发型，安慰别的孩子。但是在时间很紧迫的时候，他还做一些无关紧要的事情，比如在上床之前去收拾忘了收拾的拼图，突然记起老师留的信息等等，这导致他妈妈大为光火。他妈妈的个性是有条不紊，时间概念强，说话简明扼要。杰米的反应阈低，也使得他对围兜过紧、衣服过硬或者衣服标签在脑后晃荡觉得特别不舒服。

这种局面下，杰米妈妈的个性决定了结果。杰米的爸爸与杰米的关系亲密，而且早早就不再参与妻子与儿子的争吵。而杰米的妈妈也是一个反应阈低的人。她很容易理解杰米对有些衣服感到不舒服的感觉，而且也能做到在买衣服时让杰米参与。但她无论如何也不接受杰米的问题是由于注意力不集中造成的这个说法。事实上，杰米由于接了一个意外的电话而错过了一次计划好的外出活动，他自己也大受打击。但在他母亲看来，他忘记事情是有意为之，他的迟到也是故意冒犯她，为的是让她看起来因为懒惰而忽视了他。

我跟杰米的妈妈和他本人讨论了如何应用他在学校以及在与朋友相处时效果明显的合作技巧，但结果是有好有坏。早上容易出现麻烦的一个问题——皮肤不舒服已经解决，拟合度已经从差转优，但是注意力不集中的问题却未能解决。不过，对一个9岁的孩子来说，生活不再只是局限在家里。在学校以及与同伴相处的时候，他的各种正面的表现受到极大赞赏。他的注意力不集中甚至还成了好玩的事情。幸运的是，杰米获得了积极的个人价值感，与他所处环境的要求也基本实现了拟合优度。

拟合优度与和谐、拟合差度与不和谐都仅仅是抽象的说法。只有放在某个特定的社会经济群体或者文化中它们才具有意义。拟合优度的概念并未暗示不存在压力和冲突。事实恰恰相反，压力和冲突是成长过程中至关重要的方面，在这个过程中，伴随孩子不断提高的能力，对其达到更高水平的新要求和期望持续不断地出现。当这些越来越大的压力、要求和冲突与孩子不断表现出的能力和潜力相匹配时，那么这些压力的结果就是建设性的，而不是预示着会出现行为障碍。相反，是拟合差度导致的过大压力造成了行为问题。

拟合优度的应用范围

在探寻一种能够解释儿童健康或者病态心理现象演变的综合性模型过程中，我们定义了拟合优度的概念并加以阐释。在回顾我们的临床经验和业内各种文献之后，我们就拟合优度的应用问题得出了几个结论。

一位聪明的学童患有阅读障碍症，幸运的是一位好老师很快搞清了这个孩子阅读困难的原因，马上通知了他的父母，并且安排了一位出色的辅导老师。由于受到与其认知能力相匹配的教育，这个孩子阅读水平出色，也成了一个好学生，并且在掌握一项困难但重要的技能过程中大大提高了自信。这个过程就是拟合优度的过程。

相反，一个患有严重阅读障碍的同样聪明的孩子很不幸被分配给一位甚至都不知道"阅读障碍"这回事的老师，这位老师年复一年遵循刻板的安排，用固定的课程来教小学生。面对孩子磕磕绊绊的阅读，这位老师变得不耐烦，斥责他"懒惰"和"不听话"。受到老师的影响，同学们都把他当成替罪羊。在家长会上，这位老师给了孩子一个极为不利的评价。孩子的父母也不懂"阅读障碍"，只能接受老师的结论。他们感到震惊，但是没有得到任何有益的建议，只是被告知应该加强孩子家庭作业的管理。其可悲的结果自然可以预见得到。这个孩子学习进步极慢，多年来越来越不喜欢上学。由于学校是孩子所承担任务及所接触社会的重要部分，大人与同伴接连不断的批评与嘲弄，导致孩子为了隐藏自己的缺陷而滋生出一套病态的自我欺骗防御机制，其结果也一定是徒劳的。这就是一个拟合差度的故事，其根由并不在于气质，而在于一种未被认识到并且未受到尊重的不同的成长模式。

这两个患有阅读障碍症的孩子的故事——一个是拟合

优度，一个是拟合差度——都可以在具有任何别的特殊之处的孩子身上出现。这些特殊之处可能是为人诟病的对音乐的兴趣和热衷，一个有碍于体育活动的微小残疾，被人稍稍了解或者根本不了解的脑部损伤等等。

著名生物学家热那·杜博思（René Dubos）也将拟合优度的概念应用于身体健康方面。"身体健康可能会被认为是适合于环境的表现，是一种具有适应性的状态……'健康'和'疾病'这两个词，只有在根据特定的身体与社交环境下某个特定的人的表现来确定才具有意义。"（杜博思，1965，pp.350-351）拟合优度的概念与发展心理学家杰罗姆·卡甘（Jerome Kagan）（1971）在研究婴儿的认知模式以及他们与新环境刺激物的互动问题时所用的概念类似。他强调，过分的压力和抑郁来源于婴儿无法适应与固定的模式有差异的现实，而不是刺激物的更新或者改变。在认知层次上，汉特（Hunt）（1980）强调了他所称的孩子认知能力与外在对他们的要求之间的"匹配问题"。如果外在要求与他们的认知水平不协调，孩子们就会表现出"抵触和压力，通常会眼泪汪汪"；而如果两者相匹配，则孩子们完成任务时会"满怀兴趣和兴奋之情"（汉特，1980，pp.34-35）。

这些与拟合优度相关的较早的概念在具体的个人与环

境互动中具有意义，但是在应用到更广更重要的情境中则作用有限。

相反，拟合优度的概念使我们能够设计出通过父母指引的方式来对孩子的问题进行预防、早期干预和治疗的方法。

第 9 章

父母指引

建立在拟合优度概念基础上的父母指引，是儿童精神病学中一种非常有价值的治疗策略。这项策略指的是，设计一套方案，父母改变行为与态度，从而减轻孩子承受的过大和有害的压力。父母指引还包括推荐父母进行一些力所能及的合适的环境调整，如让孩子转学，或者改变孩子的居住环境等（托马斯等，1968，pp.171-181）。

父母指引强调的基本点是父母改变行为以及公开表示的态度，而不是着重于对父母面临的冲突、焦虑或者防御机制进行定义或者改变。换句话说，父母指引的目的是改变父母对待孩子实际行为中的某些方面，而不是解释或者试图直接改变他们内在的任何态度或者防御机制，虽然这些态度或者机制可能与他们表现出来的行为和态度有关联。

这种策略的假设前提是，孩子的行为问题不一定表明孩子内心存在着必须消除以确保治疗成功的焦虑、冲突或者不适应的条件反射模式。父母指引甚至可能有效地改善或者消除父母内心深处的部分焦虑或者冲突，或者是通过指引本身，或者是与孩子直接治疗相结合。如果涉及孩子严重的心理疾病如自闭症、儿童精神分裂或者脑机体症状，那么父母指引的治疗作用更小一些。

父母指引策略的另一个假设前提是，父母做出的不利于孩子心理成长的行为不一定反映了父母内心存在的、必须加以改变才能使孩子症状得以改善的焦虑、冲突或者病态目的。它还有一个假设前提是，如果父母的一方或者双方确实存在一些严重的心理病态，也不一定意味着这会妨碍他们改变不利于孩子心理健康的具体行为。安娜·弗洛伊德已经解释得很清楚。她说，她"不相信母亲在改变对待孩子方式之前需要改变自己的人格"（弗洛伊德，1960，p.37）。

案例详述

我们的经验与弗洛伊德的观点一致。在一个有关母亲行为改变的尤为有趣的案例中，将母亲的决心与孩子气质特征相结合，在将拟合差度转化为拟合优度的过程中发挥了至关重要的作用。

一家幼儿园的主管将一位母亲和孩子引荐给我（切斯）。事情是这样：汤姆的妈妈S.夫人在孩子入园后前三周一直待在教室里，因为每当她想离开的时候孩子都会哭闹纠缠。按照园方政策，家长允许短期内这样做。其他的妈妈在孩子入学后最多待在园里一周时间。这位主管注意到，汤姆开始交朋友，实际上无视妈妈的存在。他妈妈最终离开的时候，汤姆会大声哭叫，但几乎在她消失后立即停止，并且看起来很高兴。S.夫人实际上去了办公室，随时准备返回教室。在汤姆停止哭闹，似乎并不需要她的长久安慰后，她大为震惊。S.夫人终于相信，她的行为正在阻碍汤姆的成长，注定会使他成为一名焦虑的孩子。她请求幼儿园主管帮助她本人，于是这位主管就将她引荐给我。

我在咨询过程中逐渐发现，S.夫人的确患有典型的焦虑神经官能症。她曾得过幽闭恐惧症，曾经恐慌发作。她本来已开始接受精神分析，但最终无法忍受自我审视而放弃。她恳求我的帮助，并保证遵守我的指令。我与汤姆玩耍并对其进行诊断观察，她的妈妈待在隔壁房间。我发现，汤姆很快就注意不到她妈妈的存在，开始开心地与我互动游戏。从发育角度来说，他是一个符合其年龄特征的爱说话的3岁男孩,并没有什么异常之处。从气质方面来说,他是一个适应能力强、容易接近的孩子,情绪积极,而且情绪强度适中。

从本质上来说,我的治疗策略目标是,逐步限制S.夫人的干预,让汤姆不再为他妈妈脆弱的心理状态承担责任。汤姆喜欢去别的孩子家里玩,如果他直接去跟他同乘校车的孩子家里,他毫无问题。但是如果他先回家,让他妈妈带他去,他就会恳求妈妈留下来等他——她也确实留了下来。当汤姆越来越频繁地下了车就直接去小朋友家的时候,S.夫人常常会在汤姆的玩耍过程中突然感到担忧,就会打电话到对方家里,确认汤姆玩得高兴,自己才放心。当汤姆听到小朋友的妈妈在电话中安慰自己的妈妈时,他就会变得烦躁,会接过电话,哭着求妈妈带自己回家。解决方案要实现两个目标:汤姆的独立与他妈妈的放心。我建议S.夫人在打电话时保持欢快的声音。如果在她与对方妈妈交谈的短暂时间里,她听到汤姆玩得很高兴,那么她应该意识到,他那例行的哭泣只不过是一种象征性的姿态而已。这一策略对S.夫人起到了极大的安抚作用。当她与汤姆分离的时候,她的焦虑大为减轻。

最后的情景非常具有戏剧性。汤姆看到自己的同学下了车后直接走回家,不用父母接,他就让妈妈允许他也这样做。关键的一天来了。汤姆走下校车，得意地朝朋友们挥手，转过身来，突然发现了刚从食品超市回来的妈妈——这是她在焦虑驱使下玩的花招。看到妈妈在"等他"，汤姆突然一反常态大发雷霆。他伤心至极，妈妈则震惊不已。让他从母亲的焦虑中摆脱出来的必要性因此也显得更重要了。我向汤姆妈妈建议，因为她家的公寓在楼房的正面，她可以站在房间的窗户旁汤姆看不见的地方。这样她就可以在不增加自己焦虑感的同时监控汤姆的安全，也同时可以允许汤姆保持一个3岁孩子的自尊。这个方案取得了成功，结果又进一步减缓了她的焦虑。现在她终于明白意识到，汤姆不再会心平气和地接受她所赋予的棘手孩子的角色，而是会清晰强硬地表明对独立的要求。她也了解到，可以有各种办法来减缓自己的焦虑而不会对孩子的成长产生负面影响。S.夫人一直是自己心理问题的囚徒，但她在了解到自己的问题可以不影响汤姆的成长后，心里更轻松了。

父母指引有一个巨大的好处，就是在治疗过程中将父母招纳成为直接的盟友，他们对孩子的影响每天都在发生，密切而且一直持续不断。鲜有一位父母真心不希望自己孩子拥有一个健康、幸福和充满创造力的未来，不管他们所做的一切事实上是在帮助这个目标的实现还是破坏它的实现。正是由于心理健康专业人士与孩子父母在关心孩子福祉的问题上和谐共振，让这种结盟成为可能。父母指引也用实用的术语提出建议，并且都针对需要改变的具体行为。因此，父母指引的建议都很易懂，不要求具备超出普通父母的能力。这种方法如果有效，将可以消除对孩子进行长期昂贵的直接治疗的必要性。在有些情况下，与治疗同步的父母指引可能大大促进孩子的治疗效果。最后，如果父母指引有效，它还可以避开替代直接治疗的另一种方法——对父母自身的心理疾病模式的分析，这种方法可能费时费力费钱。

父母指引的应用

一旦对孩子的临床评估和对其行为障碍的诊断完成，就可着手进行纽约纵向研究和临床数据分析，以确定孩子自身和环境的具体特征。孩子自身和环境的相互作用会导致拟合差度和随之而来的心理疾病形成。只要确定了这些具体的特征，就可以设计出治疗方案以减缓孩子面临的过度压力，改善行为障碍的症状。

在上述分析的基础上，我们为每一类的父母都提供了父母指引。几乎在全部案例中，父母都很高兴地接受了父母指引。在一个案例中，孩子在学校与在同龄人中所表现的症状相当严重，所以在推荐心理疗法的同时也推荐了父母指引。在另一个案例中，孩子的父母决定自己接受心理治疗，尽管我们只推荐他们先尝试父母指引程序。

父母指引策略的基础是我们致力于对每个孩子和每类家长进行个性化的治疗。相比这个目标，用笼统的泛化的术语进行咨询被认为是不合适的，甚至会起副作用。相反，有必要在每一个案例中确定拟合差度的具体表现，而这些表现可能在每一个孩子身上的性质都有所不同。

在每一个案例中，父母指引最初的讨论都是我们首先确认，父母关心孩子的福祉，在消除妨碍孩子幸福与正常成长的障碍方面我们的利益是一致的。我们敦促父母双方都能参与有关指引的讨论，在大多数情况下他们做到了。在父母双方都参与的情况下，如果双方产生了冲突与分歧，则需强调指出他们仍然致力于满足孩子的利益与需求。

然后我们会向父母解释父母指引项目的理论依据，主要涉及孩子性格特征与父母职能之间的拟合优度这一概念。这是孩子心理健康成长的重要基础。然后会确定出现拟合差度的某个方面或者多个方面。在这个过程中，要对孩子的气质特点以及任何相关的特征、父母的某些特定行为进行描述。这些特定行为与孩子的性格特征相结合会产生过度的压力。此外只要还存在其他因素，比如学校不适当的预期，也会被确定出来。

通过讨论，父母确信，出现了拟合差度并不意味着他们是"坏父母"，而且他们同样的行为如果与孩子不同的性格特征相结合，有可能产生出积极的而不是消极的效果。我们同时强调，孩子对父母用心良好的努力做出了令人心烦的回应也不意味着孩子"有病"、"坏"或者"有意反叛"。着眼于这一点有助于使基本的主题更加清晰，那就是，父母有必要改变态度与行为并非意味着他们过去有意伤害孩子。过去导致孩子成长中出现不良后果的是知识缺乏、信息错误和观念混乱，而不是父母的动机。

此后，父母会得到关于如何改变已经确定的有害态度和行为的具体建议。每一项建议都会辅以孩子生活中的具体事例来加以说明。比如，对新环境最初表现出强烈消极反应以及适应性缓慢的棘手气质儿童，他们以往对新食物、新接触的人、新的活动、新的学校环境等的反应与适应情况会被详尽记录。这些反应会与焦虑或者故意的消极态度区分开。然后顺理成章地提出父母如何改变的建议，其主要目标是能够采取平静、坚定和持续的应对方法，同时耐心地期待孩子在数次面对特定的新要求之后，会出现积极的适应现象。建议同时强调，只要有可能，就应该让孩子一次只面对一种或者两种新的环境条件，以避免超出孩子的适应能力。与此同时还强调，如果为了避免对孩子、父母或者他人产生混乱与压力而不对孩子提出任何新的要求，不让其面对任何新的环境，这种做法是不可取的。因为这种做法使孩子受到过分保护，让他们无法将有压力的新环境变为经常性的积极因素。如果不能反复经历成功适应新环境的体验，也不可能使人产生自尊。

对于慢热型儿童的指引法则基本上与针对棘手型儿童的类似。由于这种类型的儿童对新环境的抵触不会像棘手型儿童反应模式那样会导致喧闹的令人尴尬的混乱，通常他们的父母更容易来执行平静和耐心的策略。此外，这种指引法则也将一个十分好动、注意力不集中的孩子表现出来的躁动和注意力转移现象与"懒惰"、故意转移注意力和缺乏兴趣区分开来。法则中也详细强调了，无论是在长途汽车旅行还是在做家庭作业时，要定期给予这类孩子放松休息的时间。

大多数在儿童早期和中期阶段表现出的行为障碍案例中，拟合差度的主要原因都与孩子气质特征的某些方面有关。在某些案例中，其他因素表现出主要的影响，比如父母难以接受孩子的智力局限或者难以理解阅读困难症的生理性原因。不管问题是什么，父母指引的基本战略是类似的。最基本的原则永远都是在每一个案例中，要确定儿童患者与环境互动的具体性质，然后量体裁衣使父母指引能够适用于孩子的具体情况。

父母指引项目一个至关重要的特点是，在初次咨询之后系统地对父母进行后续跟踪咨询。哪怕对那些迫切而且能够遵循行为改变建议的父母，通常后续咨询也至少要有两次，以确保他们能够完全地遵循建议。通常，父母要进行数次咨询，才能正确理解孩子个性及其对孩子处理与父母关系和其他环境要求与期望的影响。在这些后续的咨询中，会对孩子治疗期间发生的一些具体事件中父母的行为进行回顾与评估。这种详尽的评估通常很有必要，以帮助父母能敏锐地辨识出在孩子日常生活中，哪些情况下需要改变他们的管教方式。

在父母指引咨询中，一些父母不可避免地会出现理解错误、信息错误、迷惑以及防御心理、焦虑甚至罪恶感。父母这些令人困扰的认知与情感反应，在咨询中通过帮助他们理清孩子行为问题演化路径并指出积极的解决之道，多数情况下都可以有效地得到消除。在另外一些案例中，上述反应显示了父母存在严重的心理问题，不是父母指引的治疗策略所能解决的。在有些情况下，父母表现出的另外一些心理问题症状，如对于控制孩子、主动或者被动地顺从孩子存在神经性需求，在孩子行为障碍的产生过程中起了重要甚至是决定性的作用，而这些也不是父母指引策略所能解决的。

父母指引成功案例

在 42 个纽约纵向研究的儿童行为障碍案例中，经过定性临床判断，父母指引策略在大约 67% 的案例中被确定为取得了中度或者高度成功。评估中使用了两项指标，即父母朝着设定的方向所做的改变程度以及孩子行为障碍得到改善的程度，这两个指标呈现密切的双向相关性。在父母最初改变的努力带来了孩子快速积极的改变之后，这个结果对父母带来了极大的激励，使他们能够继续并且保持他们改变后的行为与态度。要取得这个成功的结果，平均只需要两到三次父母指引咨询。

除了那些注意力极易转移与专注力极低的孩子，对于其他各种气质类型的孩子，他们的父母都对父母指引做出了积极的回应。（前两类孩子父母回应不积极的原因在下一节讨论）。在这些成功的案例中，父母都能够理解并且接受这个判断，即他们孩子令人困扰的行为并不表明孩子存在什么严重的心理疾病，他们自身需要进行改变也并不等于宣判他们是"坏父母"。此外，他们对于孩子未来成长目标和企望的正确性也得到了肯定。在得到了这些肯定之后，他们就能够接受，为了达到目标，他们有必要改变对待孩子的方法；而且他们也能够切实地改变。

父母指引失败案例

不过，在剩下33%的案例中，父母指引都失败了，表现为导致拟合差度形成和孩子行为障碍的父母行为和态度没有重大改变。在有些案例中，父母指引咨询只进行了一次或两次就中止了，因为父母坚决拒绝考虑他们对待孩子的行为或态度可能是有害的这个可能性。在另外一些案例中，父母只是口头答应按照建议改变行为或态度，或者表面上急切愿意遵循指引的框架，但后来的多次咨询显示实际上没有任何变化。此外在少数案例中，父母一方愿意参加几次指引咨询讨论，但清楚地说明这并不意味着他或她接受我们的评估与建议。一位父亲甚至说"我就知道你们要说些什么"，接着对前几次的讨论进行了讽刺，并且依然我行我素。

这些案例中，父母指引失效的原因是多方面的。一个非常显眼的发现是，四个具有注意力极易转移和专注力极低的孩子，父母指引在他们父母身上都失败了。有一点很清楚，就是在全部四个案例中，孩子父母都无法接受孩子的气质特征是正常的这个结论。这些中产或者更高阶层的父母都非常重视子女的学业成就，以及儿子的职业和工作成就。对于这两个目标来说，专注力强与注意力分散程度低亦即"粘着度"被认为值得肯定甚至是至关重要。因此，这些父母就很难接受孩子尤其是儿子表现出极度的反向气质特征，即专注力弱与注意力分散程度高。有趣的是，上述四个案例中的孩子都是儿子。在一些案例中，这种态度在父母指引咨询会上就公开表示了出来，父母会用"他缺乏个性"之类的话来评价孩子。我们或许可以推测，对于持有与此不同的社会文化价值观的父母，父母指引在帮助解决专注力不强的孩子行为障碍问题方面更可能成功。

在另外几个案例中，父母的严苛标准导致了对孩子的要求过高，而父母指引咨询未能影响父母的态度。还有几个案例证明，父母不承认孩子存在智力局限，会导致他们不愿意做出改变。未能按照指引建议去做的父母也不会接受这样的事实，即他们选择拒绝可能意味着他们自身存在心理问题。他们要么只是口头答应，说他们正在进行必要的改变，虽然很显然事实并非如此；他们要么是"错误理解"我们的建议；要么就是极力淡化问题；再或者就是干脆委婉但坚决地表示不同意我们的建议。他们非常愿意认为孩子可能需要直接的心理治疗并做出相应的安排，但不愿意认为可能是他们自己需要治疗。这些父母中至少有几位曾经在早期接受过昂贵的心理治疗，他们在指引咨询中也公开承认过，但是咨询过程显示这些治疗并没有帮助他们进行自我审视。在一些场合中我们曾试图小心地敦促他们关注自身问题，结果却是让他们心生敌意，从而导致我们失去了对于孩子成长的最后一点微小的影响力。

青少年家长的父母指引

对青少年而言，通常是来自同伴与学校的要求对他们的适应力产生的影响最大，结果就是使他们要么产生了健康的改变，要么产生了病态的变化。在一些案例中，偏离正轨的成长路径始于儿童时期病态的亲子互动，其对于行为障碍形成的后果直到青少年时期才变得明显。不过在这些案例中，行为障碍的症状也反映出相对于任何持续存在的亲子关系问题，来自家庭外部的影响更大。

因此，与儿童时期相比，父母的影响无论是好是坏，在青少年时期都不再是最主要的环境因素。对青少年而言，即使父母全力合作，父母指引本身也不会像儿童时期那样产生同样显著的效果。在这一时期，父母指引仍然有用，而且在某些案例中还非常宝贵，但是通常对青少年的直接治疗同样至关重要。一个名为莉莉的女孩是一个例外。由于父亲的工作关系，她频繁搬家，缺少一个稳定和持续的环境来帮助她克服控制冲动的困难。她卷入了多起轻率但不严重的不良事件。有人建议她的父母私下给她制定严格的规则并且制造一个稳定的生活环境。他们照做了，莉莉也迅速回归正常。在几个案例中，父母未与我们咨询就直接为他们的青少年孩子安排了治疗，因此不可能尝试对他们进行父母指引。

青少年的家长接受父母指引的案例太少，无法得出有效的结论，但我们的印象是，与儿童时期相比，青少年家长对父母指引反应冷淡的比例更高。最有可能的原因是，我们向这些父母强调了我们的判断，即他们自身的改变也许会有帮助，但它本身并不会在问题青少年身上产生巨大的改变。不过，在那些父母积极响应的案例中，父母指引咨询已被证明有帮助作用，是值得的。

临床实践中的父母指引

在多年的儿童精神疾患治疗实践中，我（切斯）发现父母指引的治疗程序与纽约纵向研究中的家庭治疗程序一样有价值。两者临床方式一样，都是在孩子与环境之间出现拟合差度、导致行为问题出现、父母寻求专业人士帮助之后，对拟合差度的具体特征进行确定。在分析基础之上，我们用与先前提到的纽约纵向研究中家庭咨询使用的方案一样，向这些家庭推荐一个改变父母行为的方案，必要的时候辅以治疗指导或者其他的特殊治疗程序。

接受指引建议逻辑的大多数父母看起来都很乐意充当治疗盟友的角色，并且很认真地努力进行必要的改变。在一些案例中，父母只需要进行几次讨论就能修正自己对待孩子的方法，这种改变对孩子行为的积极影响也非常明显。这类临床对象不必进行系统性的后续跟踪已成为可能。在一些案例中，非正式的后续跟踪发现，孩子身上出现了持续的良性健康发展迹象。在另外一些案例中，父母在几个月甚至几年之后重新回来咨询，因为孩子的问题再次出现。在绝大部分这类案例中，非常明显的是父母并未持续进行必要的改变，然后通过对最初确定的问题进行回顾审查，这个问题也得到了解决。在少数这类案例中，通过对孩子老问题复发或者新问题出现进行分析后发现，有迹象表明孩子的心理疾患比原来估计的更严重，或者父母在实施指引项目时出现了特殊的问题。针对这些，有必要对孩子进行直接的治疗，或者对父母进行更深入的指引咨询讨论，或者双管齐下。

在部分案例中，父母对于指引项目的积极回应本身并未充分解决孩子的行为问题。这种情况通常出现在孩子的问题行为已经持续数年或更长时间的情况下，导致他们产生了这样或那样的顽固的、作茧自缚的防御机制。在这种情况下，有必要对孩子进行直接治疗，辅以长时间的系列父母指引咨询。

在少数案例中，前来咨询的父母请求对孩子的问题进行评估，但是断然拒绝参与指引项目。显而易见，他们期望心理医生替他们承担照顾孩子的职责。他们不愿意在孩子治疗中充当心理医生盟友的积极角色，而是希望卸下全部的责任。在心理医生向他们解释了父母指引项目的性质之后，这些父母不再回头来进行咨询，而且他们毫无疑问地会继续四处寻找，直到他们找到一种自己喜欢的专业治疗方式为止。

总　结

我们制定的父母指引治疗策略，已经证明在大约50%有行为障碍问题的孩子身上产生了效果。如果在问题出现之初很快就做出诊断，那么在那些已经成功的案例中，通常只需要进行少数几次咨询讨论。如果在接受治疗之前问题已经存在很久，而且孩子已经建立了固定的防御反应机制，那么往往需要对孩子进行直接治疗。这些都有力证明，对孩子的行为障碍问题进行及早诊断与治疗非常有价值。

  这种父母指引项目的效果表明了拟合优度模型的价值。按照这个概念框架，有可能量体裁衣设计治疗方案，以满足每个孩子的需求，并具体地确定父母需要改变的方法和态度，从而将病态的亲子互动改造成为健康的亲子关系。

第二部分

气质理论的新应用与实践

New Applications to
the Theory and Practice
of Temperament

第 10 章

气质理论与实践
自 1970 年来的迅速发展

在之前的章节中,我们详细地介绍了确定气质的基础定义、分类和评级的方法。这些研究使我们开始分析个人与环境之间的互动过程,从而又延伸到拟合优度的概念。这一构想促成了系统的家长指引程序的产生,以对孩子异常行为进行预防、早期干预和有效治疗。

20 世纪 50 年代晚期到 60 年代,我们早期的一些著作吸引了一小部分在行为学方面有影响的研究者来发表他们的报告和看法,其中包括儿童精神病学家里昂·艾森伯格(Leon Eisenberg)、迈克尔·拉特、约翰·罗斯(John Rose),儿科医师巴里·布雷泽尔顿(Barry Brazelton)、威廉·凯利（William Carey），发展心理学家亚瑟·杰西尔德（Arthur Jersild）与杰罗姆·卡甘。在我们研究的早期，需要挑战许多已经确立的理论和临床权威，他们的兴趣和鼓励为我们提供了很大的支持。

20世纪60年代，这个群体的影响力加上我们越来越多的著作与演讲，使得心理健康专业与教育领域支持气质重要性的研究人员与临床医生持续增加。

正如哲学家们所指出的，量变会导致质变。我们可以将20世纪70年代早期作为一个分水岭，标志着我们创造的概念与实践法则进入了心理学理论与实践的主流。

自70年代起，源源不断甚至大量涌现的极具天赋的学生与工作人员开始探索气质的各种重要影响：

◎ 在专业、社区保健与儿童护理机构提供的父母指引中详细阐述一个气质要素。

◎ 在儿科与护理、学校中越来越频繁地将气质应用于残疾儿童的护理与治疗。

◎ 各项研究持续纳入气质的生理基础、文化因素，以及扩展与修正气质概念与拟合优度概念的影响等等内容。

◎ 最后但并非最不重要的一点是，气质的广泛应用已经使人们意识到有必要对传统的临床方法的局限性进行修正。

到了90年代,气质理论的重要性大放光彩,在专业领域广为接受,因此艾森伯格如此评论:我们的"洞见被如此彻底地融入了精神病学与儿科理论和实践的主流之中,以至于学生可能难以认识到它们在36年前具有什么样的革命性意义"(艾森伯格,1994,p.285)。

在随后的章节中,我们将详述上面提到的各个方面。在不断扩大与成熟的气质研究与应用中,很多人对我们的基础法则进行了修正、批评,甚至产生了其他变种。这些批评与提出的修正建议值得我们严肃对待与尊重。

第 11 章

与气质有关的父母与孩子教育

桑德拉在孕育与出生时都非常顺利，家庭也稳定健康。但是在她两个月的时候就显示出，照顾她并非易事，无论是睡眠、进食、情绪还是适应变化方面都如此。她的父亲是一位知名的发展心理学家，通晓气质理论。他很快就意识到，桑德拉的行为显示出典型的棘手气质特征。

在认识到这一点后，桑德拉父母就知道如何正确对待她睡眠与进食不规律、在首次洗澡时大声尖叫、使劲吐出新食物等表现。桑德拉是个挑剔的孩子，但由于父母对她做出了耐心与清晰的回应，她在成长过程中逐渐适应了日常生活的日程。每当她对新的环境做出强烈的积极反应时，她的父母会受到她那令人愉悦而充满活力的表现的奖赏。

进入幼儿园后，桑德拉做出了激烈的反应，正如她父母所预期的那样。但因为他们已经预见到，知道怎么应付，而且也指导幼儿园老师如何应付，桑德拉在几周之内就做出了调整，在幼儿园度过了轻松快乐的时光。但在她转入一所新学校读一年级之后，事情就没有那么简单了。她要面对新教室、陌生老师与同学。而且她不得不非常正式地学习，与幼儿园只管玩耍完全不同，此外她还得面对各种对她行为的新期望与新要求。她这一次真的是大发雷霆，并且第二天早上拒绝去上学。她的父母坚持认为，不管在学校有多么不愉快，她都得去上学，而且她适应学校的环境至关重要。桑德拉知道，在许多情况下他们会灵活宽容，在有些时候又非常坚定，而现在就是这样的时候。所以她还是去了学校，度过了悲惨的一天，但回到家后一直不高兴。后面的故事其实可以预见得到。她的沮丧一周比一周减少，一个月之后她就已经适应，开始喜欢上学了。

由于熟悉了新学校的各种要求，桑德拉顺利度过了后面的几年。她智力超群，喜爱学习，是一名优秀的学生。此外，她一旦适应了新环境，就很容易与大家交朋友，而朋友们也喜欢她积极而活泼的性格。

在桑德拉的小学阶段，对于她的父母、兄弟与亲戚来说，她就是一个惹人喜爱的孩子——聪明好学，乐于做家务，兴趣广泛，喜爱社交。一直到12岁即将进入初中时为止，她基本上没有出过什么问题。

突然有一天，桑德拉回到家里眼泪汪汪，见到父母回来，她忍不住开始抽泣说："今天我在学校听说明年我得去另一个学校上初中。我感到很恼火，我不能去那个学校。我很害怕。怎么办？"父母对她突然的情绪爆发感到不高兴，但并没有感到震惊或者沮丧。他们知道怎么回事。他们在她卧室坐下，安慰她，等了半个小时后她停止哭泣，看起来很茫然。她的父亲开口说话，妈妈也不时插上两句。"桑德拉，你感到恼火，我们很难过。但答案很清楚。你还记得刚上一年级的时候，你非常恼火，花了一个月时间才适应过来吗？从那以后这些年你在学校都很快乐。"她听了以后问："我记得，但那跟今天的事情有什么关系？"她的父亲是一名优秀的老师，他冷静而缓慢地向她解释说，孩子的行为存在差异，这就是气质。她的气质就属于那种很难马上适应不同的事物的类型。这就是她开始上一年级的时候出现的情况，也是她现在为什么会在听说要上完全不同的新学校后做出这种反应。跟在一年级的时候一样，她最终也会适应，不过是慢慢适应，而不是一下子就适应。

桑德拉认真听着，依旧眼泪汪汪。"也许吧，你说的有道理，但你说的太难懂了。是不是说我不正常？"妈妈安慰说:"一个人在恼怒的时候是很难理解新事物的。你完全正常。书房里有一本好书,是向父母介绍气质概念的。今晚你先别看。我们吃晚饭,然后一起听你最喜欢的唱片,然后你去睡觉。明天待在家里,我和你爸爸一起跟你讨论。"

翌日早晨,桑德拉爸妈坐在早餐桌旁,祈祷好运,等待桑德拉。过了几分钟,桑德拉拿着一本书跑来说:"早上好。我醒得早,开始读你们说的那本书。刚看了几页我就上瘾了,我得把它读完。太高兴了,这本书讲的就是我啊,现在我知道气质是怎么回事了。"她又对父亲说:"你还没吃完早餐,但我等不及听你细说昨晚要跟我讲的事情。"她父亲点头,说:"好吧。"

桑德拉:从书里来看,我是否属于"棘手而活跃型气质"?

父　亲:确实如此,你打小就有那种气质。

桑德拉:有多少小孩跟我的气质一样?

父　亲:这个数字一直在变化,不过大概是 10%~15% 吧。

桑德拉:看来我运气不好,有这个大多数孩子没有的坏脾气。

父　亲:别这么说,桑德拉。你的气质完全正常。任何气质都有一些好的方面，也有另外一些有时候不那么好的方面。当你遇到挫折的时候可能会非常生气。当你面对大的变化必须做出调整的时候，比如上新学校，你可能会非常恼火，就像你昨天那样。但是你的气质也有非常好的方面。当碰到让人高兴或者有趣的事，你会非常高兴、兴奋，以极大的热忱投入进去。在这些时候，你充满活力。这样的时候很多。而且，你从来不轻易动摇。如果有人，可能是你的朋友，也可能是一个团体，试图让你马上答应什么事情，而你觉得没有道理，你会坚决说不。

桑德拉：我的气质会不会改变？

父　亲：这正是研究人员努力要解答的一个基本问题。不过，即使你的气质不会改变，你也可以学会克服适应变化的障碍。以前你遇到挫折就会大发脾气。不管是什么时候，如果你想买什么很可笑或很贵的东西而你妈妈不同意，你就会大喊大叫。你妈妈就会把你拉出商店，告诉你想闹多久就闹多久，但你不会得到你要的东西。你冷静下来之后，还会继续高高兴兴地跟妈妈逛商店。经历过几次这样的大发脾气之后，你明白了妈妈不会让步，然后你就不闹了。

桑德拉：哇！要是妈妈当时让了步，我就会变成一个被宠坏的孩子。

父　亲：的确如此。你是位好姑娘，我们是好朋友。我们坚信，不管你的气质是什么样的，你长大后都会是一个快乐的人。

桑德拉：我怎样才能不那么容易动怒？

父　亲：我有个好办法。如果你对什么新的东西感到恼火，就对自己说："又上一年级了。"这会提醒你，开始的时候你会觉得很丧气，但如果你坚持下去，不久你就会放松，开始享受新的生活。现在你正在成长，你可以自己这样做；我们不需要强迫你。你可以像在一年级的时候那样坚持不懈。不管碰到什么新的不同的事物都可以用同样的方法。

桑德拉谢过爸妈，吃完早餐，宣布要去上学。大约有一个星期她感到不开心，然后就开始露出笑容。她告诉爸妈："我记住了你们跟我说的话，我每天都对自己说很多遍'又上一年级了'，一直到感到开心为止。我现在开始盼望上初中的那种有趣的新体验。"

桑德拉与父母的故事的启发

在第 9 章《父母指引》中，我们集中讨论了父母与孩子之间的拟合差度问题，那是由气质、不健康的互动引起的，而且讨论了它是如何引起孩子行为问题的。以此为基础，我们概述了为父母提供咨询的策略，指导他们修正或者改变对孩子的态度，从拟合差度转化为拟合优度。

本章讲述了桑德拉的故事，指出了父母了解孩子气质并且教育正常的孩子了解自己气质的重要性。普通的父母就可以实现这个目标，他们不必像桑德拉的父亲那样是个心理健康专家。

在下面一章《气质项目中的预防与早期干预》中，我们将详细介绍玛丽·克尔辛卡（Mary Kurcinka）与斯坦利·图雷克（Stanley Turecki）在著作与演讲中对父母广泛进行气质教育的内容。每一代父母都从大量书籍、通俗杂志与报纸中寻找育儿建议。自 20 世纪 70 年代开始，越来越多的作者用这样或那样的方法将气质问题写进这类文章中。例如，芝加哥儿童荣军医院睡眠障碍中心主任马克·魏斯布鲁斯（Marc Weissbluth）博士（1987）发表了一份出色的实用手册，指导父母如何让孩子睡好，其中就有关于孩子气质重要性的讨论。每年我们都会接到很多自由撰稿人要求采访的电话，解释说他们打算写一本书或者向杂志投稿，主题是气质问题。亲戚朋友也不断向我们讲述他们是如何从他们的家庭儿科医生或者在孕妇课老师那里学习气质概念的。现在，父母要了解气质理论一点也不难；相反，如果不想读到或者听到气质理论的内容倒是很困难。

了解自身气质的重要性

上面讲到的桑德拉的故事是一个例子，说明了控制自己的气质如何能够使自己充满信心去应付任何特殊的要求或者危机。对许多年轻人或者成年人来说，这种对自身气质特性以及如何积极利用的自我意识能够成为一项重要的工具，以提升自信与自尊。

在我们的一个研究项目中工作的一位刚成年的员工是慢热型气质。她有一次接受了一项任务，要到一所新学校对一位新老师进行一次新型访谈。她预计自己会感到不自在，但她已经学会如何处理自己的气质，她只是简单地说了句："当然我会去，我害羞但并不胆小。"结果她出色地完成了任务。

遗憾且不可避免的是，有些父母听说过气质概念，但理解错误，并且错误地使用了这方面的知识。有一位母亲，她

4岁的女儿在遇到挫折的时候会有中度的消极反应。不管什么时候,只要她的要求得不到满足,哪怕是微不足道的要求,她都会小题大做,大哭大闹,而这位母亲会立即让步来安抚她。孩子感到高兴,但眼看着就要成为主宰她妈妈的暴君了。孩子父亲不赞成妻子处理孩子的方式,但她说:"孩子的气质就是容易在遭到拒绝后感到沮丧,对这样的孩子不能让她感到沮丧。"这位妈妈读到过或者听说过关于气质的应用,但都被她用颠倒了。她所"学到"的关于育儿的方法正好与孩子相应的气质相反。在学校里,老师没有反映过孩子存在家里这样的问题。如果这位好母亲能够适当地改变她的做法,这种简单的拟合差度问题能够得到纠正,孩子的暴戾也会消失,孩子很可能会走上健康的成长之路。

第 12 章

气质项目中的预防与早期干预

在纽约纵向研究中，我们通过对行为问题的起因与演变进行分析，确定了每个案例的发病机制。导致行为障碍的过度压力形成的原因，在多数案例中都从拟合差度的角度来解释，亦即父母或者其他的环境要求和期望与孩子无法具备特定的气质特征或能力之间存在不协调。

气质项目

我们发现，纽约纵向研究中多数行为问题的发病机制可能源于适应不良的亲子或其他互动关系亦即拟合差度。这一发现使我们设计了通过父母指引项目对孩子行为问题进行预防与治疗的方法（详见第9章）。

我们在报告中肯定了父母指引的效果（见第9章），促使很多心理健康专业人员开发和扩展这种治疗项目，这对美国和加拿大各地健康服务中心和社区项目纷纷开设父母指引项目起了特别重要的作用。

在人们认识到气质的重要性之前，一些家长指导中心就已经建立。对气质个性与拟合优度概念印象深刻的人对父母指导中心进行了调整或扩展，以纳入这类气质研究的内容。

气质项目的扩展

最近几年，在各种专业会议、嘉宾讲座与到各类机构的访问中，通过许多私人交流，我们为气质项目每年的设立和扩展速度所震撼。这些项目的内容多种多样：有的详尽，有的简单，有的包含特殊创意，有的与更大型的组织机构相联系。没有一个是陈腐守旧的，但都专注于气质项目的基础，即包含儿童行为问题的预防与早期干预。

我们将介绍四个气质项目，它们所在的地域、项目规模、参与家庭的社会经济地位和项目的战略都各不相同。下面对这些项目进行了总结，作为正在发展中的项目种类的例子。我们参观过这些项目,并且发现项目的员工充满热情,知识丰富而且尽职尽责。

俄勒冈州拉格兰德项目

拉格兰德(La Grande)位于俄勒冈州东部农村地区,是拉格兰德县的中心。全县总人口2.2万,其中拉格兰德镇1.85万。全县产业主要为木材工业与农业,州立大学就在拉格兰德。

在20世纪80年代,拉格兰德建立了一个综合的父母指引中心,取名"人类发展中心"。中心一位名叫马克·勒夫诺(Mark Levno)的社工参加了我们在俄勒冈举办的一个气质专题研讨会。勒夫诺对增加一个气质项目可以大大预防儿童行为障碍的观点非常感兴趣。他起草了一个方案,向俄勒冈州的社区服务机构申请资助成立气质项目。我们提出了几项修改建议。他在1988年提交申请并获得批准。那时勒夫诺已经离职,一位经过培训的杰出心理学家比尔·史密斯(Bill Smith)被任命为项目主管。他立即投入到这个气质项目中心的组织、招募与治疗之中。

项目建立后,通过广泛的社区接触——为"领先教育"项目、教堂、学校与其他团体提供免费的"儿童行为甄别"——来吸引家长参与。到1994年,已有将近400个家庭参与。这些家庭多数是农民、熟练或半熟练工人,有的从事中低阶层工作,少数是需要较高专业技能的职业人士。半数家长的年收入不到两万美元。

这个项目依据我们的理论与实际操作法规,将治疗过程划分为几个阶段,如预防、评估以及具体的父母咨询与支持。尤为有意思的是,项目的服务由经过特殊训练的家长提供,这些人称为气质专门人士,他们由一位心理健康专业人士提供指导。如果儿童在筛查中发现非气质性的心理问题,他们会被引荐给一个精神病学家小组。74%的家庭完成了整个项目。在随后进行的一项主观性问卷调查中,79%的父母表示,他们从项目中受益。在州立法机构威胁要终止这个项目时,他们提交了证明后续调查结论可靠的客观证据。大批家长游行,前往立法机构,极力游说争取项目继续并且取得了成功(史密斯,1994)。高层职员编辑了一份重要的手册,总共300多页,内容包括项目中所用方法、表格与日程的详细介绍,希望能作为父母气质项目的样本出版[D. 华沙(Warsaw),私人信件,1995]。

我们对拉格兰德项目的描述比较详细,因为它已经成为一个半农业并且相当封闭的社区里一个创新性的成功项目。

纽约图雷克项目

斯坦利·图雷克大夫是儿童和成人精神病学与精神分析专业人士，他在 20 世纪 70 年代开始私人执业。他还是纽约顶级医院贝斯以色列医院（Beth Isreal）精神病系的志愿兼职员工。他的第三个孩子吉莉安出生时正常，他和爱人期待她幸福成长。但进入保育室不到一天，主管护士就说："这个孩子可能会出问题。"宝宝的进食与睡眠毫无规律，而且似乎总是在大声尖叫。不幸的是，主管护士的悲观预言太准确了。在后来的几个月中，孩子的行为简直是一场噩梦。不过，父母双方都经验丰富，前两个女儿也茁壮成长，没有任何问题行为。儿科医生安慰他们，吉莉安一切正常，但他们无法解释她为何作息毫无规律，为何一件不顺心的事很容易就激怒她，为何她很难适应任何变化。

幸运的是，他们的好朋友、儿科医生与儿童精神病学专家索尔·尼克特恩（Sol Nichtern）博士确定了吉莉安的问题性质是棘手气质，并开始为他们如何照顾这样的孩子提供咨询。他们遵照建议去做，到吉莉安 2 岁的时候，她的问题开始减轻。

图雷克此前读过我们的第一本主要著作《气质与儿童行为障碍》（*Temperament and Behavior Disorder Children*,

1968），虽然当时只是随意阅读。1976 年，他非常仔细地重读了此书，并且开始清楚了解气质及其影响。从吉莉安的父母开始用一种新的方式来对待她，如考虑她对不熟悉的环境的敏感以及她偶尔的暴怒之后，她就迅速成长并且显示出自己的强项来，如丰富的想象力。她成了父母与老师的开心果，这与以前形成鲜明对比，那时的她是家庭里几乎永不停歇的混乱、紧张和沮丧之源〔图雷克，与托勒尔（Torner）合著，1989〕。

在有了照顾女儿的经验，并且对我们的书进一步熟悉之后，图雷克得出结论，他以前在标准训练中学到的对待年幼患者的常规方式非常不妥当。持久与昂贵的疗程结果并不令人满意。凭着独有的精力、想象力与审慎态度，他将自己的职业生涯转向于气质问题。

1983 年，图雷克在贝斯以色列医院开设门诊，治疗具有棘手型气质的问题儿童，除他之外，员工中还有一名心理学家、一名社工，并且得到了精神病学系与儿科系的共同赞助。这个项目发展迅速，项目所用的方法在门诊患者身上取得了快速而积极的效果。

两年后也就是 1985 年，他撰写了《棘手儿童》（The Difficult Child）一书，以帮助父母了解和照顾问题儿童。这本书建立在我们的气质研究发现与他本人的临床经验之上，清楚地阐述了气质的种类与概念，没有任何难懂的专业名词，并且为父母提供了具体而清晰的建议。他的建议可靠、合理、实用，与此同时又抓住了这个领域过去30多年海量研究的精髓。图雷克对我们在纽约纵向研究中对"棘手儿童"气质集群的描述作了一处修正。他将棘手儿童定义为，一位具有内在棘手气质的正常小孩，其气质使其家庭感到很难进行养育（图雷克，与托勒尔合著，1989）。

1986年，图雷克将其私人诊所改为私营的问题儿童中心，其员工与标准与1983年他在贝斯以色列医院诊所时类似。与门诊时一样，他在父母指引基础之上主要着眼于气质问题（图雷克，与托勒尔合著，1989）。

总而言之，图雷克在一家医疗中心建立开创性的气质门诊，撰写了很有价值的父母教育著作，并且指出了精神病学家在私人执业中将气质问题纳入儿童评估和治疗的重要性，这些都使他做出了重要贡献。遗憾的是，贝斯以色列医院在80年代与其他许多医院一样遭遇财务困难，其气质门诊在1989年被迫逐步取消。

但图雷克自己开设的棘手儿童中心继续运行，他的书也经过了修订，并且他为儿科医生与教育人士广泛开设了气质基本问题的讲座。他还已经开始对门诊时期和私人执业时期的病例开展详细的系统性的后续跟踪研究。这项后续研究可能会为证明和扩展基本气质项目提供有价值的客观结论（图雷克，私人信件，1995年5月）。

明尼苏达项目

1976年，明尼苏达立法机构规定并且在22个学区资助了开创性的"儿童早期家庭教育项目"。每个学区获准根据社区需要设立一个项目。提供的服务包括亲子课堂选择、家访、家庭实地参观、家庭欢乐时间、书籍与玩具图书馆等等。这个项目在其后连年取得成功后，已经扩展到了更多的学区。到1986年，该项目已经在全州420个学区中的370个学区里建立起来。

克尔辛卡的家庭项目从业经历

1977年，克尔辛卡从明尼苏达大学获得"家庭社会科学"和"家庭教育"硕士学位，并且获得了州政府颁发的家庭教育和儿童早教执照。她的职业生涯始于1976年，当年她开发了第一个开创性项目。她一直从事这个项目，直到被任命负责该州第四大学区的一个项目为止。就跟在大多数学区一样，亲子课堂成为这个项目的核心。这类课堂一般时长为两到两个半小时，期间还包括亲子互动、实战技巧训练以及娱乐活动。

在她接受学术教育期间，克尔辛卡通过我们的书籍接触到了气质的概念及其应用,并对其重要性印象深刻。作为学区项目的负责人,她向父母介绍了气质问题,并鼓励他们了解自己与孩子的气质。父母着眼于怎样建立对孩子适应能力的现实期望,以及怎样实现更好的亲子拟合优度。

克尔辛卡的教学与写作

她在家长学校从事气质教育的经验很快就使她受到鼓励去获得更广泛的影响。她是一位极具天赋的教育者,1984年开始在其他一些社区项目中开展讲座。不久,她就开始收到其他州的父母教育团体发来的讲座邀请,其听众也越来越广泛。

克尔辛卡于1991年根据自己的教育经验撰写了一本出色的著作《如何培养精力旺盛的孩子》(*Raising Your Spirited Child*)。她更愿意使用"精力旺盛"(spirited)而不是"棘手"(difficult)一词来描述孩子。她使用了我们的九大气质集群的划分,对其中的一些术语稍做修改,以体现其中的积极方面。例如,注意力分散度称为感知度,对第一反应的接触/排斥与感觉阈称为敏感度。她使用的语言生动、清晰而且诙谐,从积极的角度来看待孩子与父母的问题。同时,其内容透彻而且精确,为父母提供的建议与规则简单合理。她的书大为畅销,到我们写作本书时止已经销出15万册。

将克尔辛卡称为有禀赋的老师还是大大低估了她。我们于1994年10月在加利福尼亚奥克兰的克塞尔永久气质项目中首次听说她。在一次会议中她演讲了1个小时，用惯常的风格向听众解释气质问题。她魅力无穷，带着迷人的微笑，言词清晰，声音如音乐般优美，格外具有亲和力。她演讲的基本主题是如何了解你的孩子及如何克服管教精力旺盛孩子中出现的困难，其内容本质上是严肃与充满乐观情调的。她在演讲中使用了一些图片说明，并且不时插入好玩的例子与花絮。

听众与我们一样都听入了迷。难怪她会接到这么多来自大范围听众群体与地理区域的演讲邀请。自1994年起，她平均每周演讲两场。平均每场有200名听众，其中包括美国儿科学会的各团体、儿童保育专业人士、护士与保健专业人士，还有家长。她不断向专业人士强调气质问题的重要性，其气质课程内容大部分被纳入了她的明尼苏达学区项目中。

克尔辛卡目前正在撰写第二本书，其内容主要基于听众提出的各种问题。我们相信这本书同样会取得成功，并且可能会为气质领域的专业与家庭教育做出更大的贡献。

克塞尔永久项目

克塞尔永久医疗是国内最早最大的健康保健组织。该组织为会员家庭建立了一个独一无二与创新性的气质项目。这个项目仍处于成长早期,但定量与定性的评估都表明,它已经做出了宝贵的贡献。项目内容兼具广度与深度,所以特在下一章详细介绍。

第 13 章

克塞尔永久气质项目

克塞尔永久医疗健康保健组织是美国最早最大，可能也是最好的此类组织。该组织在全美国 11 个地区共有会员 650 万名，其中 500 万在北加州与南加州。组织有自己的诊所与医院，以预防性项目为主，如产前监护与婴幼儿免疫接种。

在 20 世纪 80 年代早期，位于旧金山北部的克塞尔永久医疗圣拉斐尔分部的精神病科主任、儿童精神病学家戴维·罗森博士（Dr. David Rosen），认识了加州奥克兰非盈利保健组织"盎司预防"的常务主任詹姆斯·喀麦隆博士（Dr. James Cameron）。两人都对我们有关气质的著作非常熟悉，都看到了在预防气质相关行为问题以及对已经出现这类问题的儿童进行早期干预时,运用父母指引的气质项目至关重要。1984年,都是心理学家的喀麦隆博士与赖斯博士(Dr. Rice)按照我们纽约纵向研究的气质类型划分设计了针对婴儿与学前儿童的问卷调查,并开发了计算机软件对他们进行筛查,从而确定其气质特征。与此同时,喀麦隆将发展心理学家简·克里斯托尔硕士(Jan Kristal,M.A.)训练成为克塞尔圣拉斐尔分部的气质咨询师,为父母和儿科医生提供有关气质问题的咨询服务。

气质项目详细内容

在这个前期工作的基础之上,罗森与喀麦隆博士为克塞尔永久医疗圣拉斐尔分部建立了一个为婴幼儿父母服务的创新性气质指引项目。该项目起初名为"基于气质的前瞻性指引项目",现在简称为"气质项目"。当克塞尔永久医疗的女性会员的孩子出生4个月后,产妇即会收到一份问卷调查,内附信件解释项目的目的,请求产妇填写调查表格并寄往"盎司预防"进行电脑筛查。第一批共发出1641份问卷,回收约30%。

每份填好的问卷都用计算机进行打分,然后算出每个孩子的气质总分。对每个婴儿,计算机软件都会确定出具体的保育问题（如睡眠、就餐时间或者分离焦虑问题）。这些问题都更可能在每个婴儿5~6个月、7~8个月、9~10个月、11~12个月的期间出现。计算中使用的是概率法，其抽样数据来自另一个健康保健组织一项早期研究的数据库，涵盖了1000多名4~16个月婴儿的数据（喀麦隆与赖斯，1986）。

四分之三的母亲收到了一封介绍其婴儿气质特征的信件，其中有详细的父母指引，强调了他们孩子独特气质的正常性。依据拟合优度的概念要求，这些建议是为了让父母对孩子的独特气质做出建设性的积极回应。其余的母亲（控制组）没有收到前瞻性指引。对实验组与控制组，其医疗图表上都附上了婴儿的气质数据［喀麦隆，赖斯，汉森（Hansen）与罗森，1989］。

正式与非正式的后续调查在婴儿5个月和16个月的时候进行。非正式的访谈记录表明，这家机构的儿科医生对前瞻性指引的效果感到满意。他们的临床实务中相当大部分的内容是回答父母提出的有关如何处理孩子日常护理的问题——睡眠、适应新食物、固执问题等。前瞻性指引减少了就同一个问题进行的重复电话咨询与当面咨询，从而节省了时间。对于问题与管教难度之间的相关性，其规律与以前的研究结果相似（喀麦隆，赖斯，汉森与罗森，1989）。

对前瞻性的预测所做的正式后续跟踪在婴儿8个月、

12个月和16个月的时候进行。实验组与控制组的父母都填写问卷，回答有关6个行为领域里面孩子出现了哪些问题（睡眠问题、分离焦虑、事故风险、固执问题、进食困难以及个别的敏感性问题）。如果出现了任何问题，父母还被要求回答他们理解与解决这些问题的困难程度。

对实验组与控制组，每个4个月周期内的气质得分与父母18项评估中的13项所反映的气质相关行为问题的出现呈现高度相关性，p值范围为0.05~0.001之间。与12项管教困难问题呈现相似的相关性，具有统计显著性，p值也在0.05~0.001之间［喀麦隆，赖斯，罗森，与切斯特曼（Chesterman），待发表］。

在前瞻性指引项目与其长驻咨询师在儿科部门安排到位后，如果儿科医生在临床访问中发现了可能的气质相关问题，他们可以要求长驻咨询师寄出针对1岁半到12岁儿童的相关问卷。父母除了要回答气质问卷上的相关问题外，还被要求列出他们现在关心的问题。项目的常驻咨询师根据儿童的气质特征档案，对父母反映的孩子行为问题进行评估，然后直接向父母或者学校就如何应对提出建议，或者通过孩子的儿科医生提交（喀麦隆等，1994）。

根据气质项目的前瞻性指引与咨询指南，克塞尔永久医疗的儿科医生可以为每个孩子提供有针对性的具体建议，使他们对父母提供的咨询变得更加容易与准确。儿科医生将他们的积极反馈报告给克塞尔永久医疗机构的管理层，提醒他们关注这个根据该组织预防医疗宗旨而设立的对儿童行为问题进行预防和早期干预的项目。

到1991年，管理层决定对喀麦隆与罗森的项目提供实质性的财务支持。得到支持之后，他们将项目扩大，吸纳了越来越多的北加州克塞尔分部机构加入。到1994年，克塞尔机构在北加州的30个分部有一半多加入了气质项目。1994年10月18日至19日他们在加州伯克利举行会议，提交气质研究的结果，并培训更多的气质咨询师。这次会议安排了多名演讲者（其中包括我们）、父母圆桌讨论、模拟日常临床花絮的角色扮演，并发行了一份"气质咨询入门"的训练手册。这次会议还计划举办一年一度的培训会议。

在会议之后，克塞尔北加州各部的儿科主管投票决定在整个地区推行气质项目。此外，罗森与喀麦隆还开始与来自其他地区的克塞尔分部儿科医生会面，并开始在几个部门开展培训。他们得到了加菲尔纪念基金的资助，将气质项目推广到全部11个地区。

随着气质项目的迅速推广，罗森辞去了在自己创办的圣拉斐尔健康保健组织的儿科职位，成为这个项目的全职主管。他的主要活动包括将这个项目推广到越来越多的健康保健组织，并协助这些机构的规划、培训与监管（罗森博士，私人信件，1995年11月10日）。

教学录像

在1994年会议后不久，喀麦隆与罗森通过克塞尔永久医疗机构的视听部门录制了4个教学录像。第一个录像是向父母介绍气质概念，主要是介绍气质的概念与类型划分。其他三盘分别介绍了三种气质集群，克塞尔的研究表明，它们最有可能导致与气质相关的问题，录像中还介绍了如何应对这些问题。他们还将为每个录像提供文字材料作为补充。（如欲索取录像，可致信克塞尔永久医疗健康教育部气质项目，地址是：1950 Franklin St., Oakland, CA, 94612）。

过去一年中，我（切斯）在应邀访问的各种儿科与儿童精神病学部门与学术中心时展示了这些录像。结果实际上令我感到意外。观众对录像的反馈是清一色的深受鼓舞，有的甚至感到兴奋不已。这与我多年讲座获得的有趣但温和的反应不一样。

尤为重要的是，喀麦隆、赖斯、汉森与罗森已经开始了一项客观性研究，以证明基于气质的前瞻性指引具有较高的性价比。有一项研究针对北加州一个克塞尔分部的求诊数据，结果表明，在孩子4个月时收到前瞻性指引的父母，在随后一年中，为孩子求诊的次数要比从来没有收到过指引的父母少1.5次。

在北加州克塞尔永久医疗覆盖的地区，每年出生存活的婴儿数量大约2.4万名，全地区父母参与前瞻性指引项目的比例为35%，每年预计节省到儿科、家庭医生与急诊室的就诊次数约为1.2万次。仅仅在北加州地区，这相当于为项目的花销净节省70万美元（喀麦隆、赖斯、汉森与罗森，1994）。

除了这项性价比研究之外，克塞尔永久医疗由喀麦隆与其同事最近的研究精准地解释了基于气质的前瞻性指引在临床为何有效。他们的研究发现，气质更加棘手的头胎孩子（更活跃、调整更慢），他们的父母如果接受了前瞻性指引，就会比气质更随和的头胎孩子的父母更易理解和接受他们的孩子。相反，如果父母没有接受前瞻性指引，他们就不会理解孩子的一些行为，也无法视其为正常表现，从而产生焦虑与不和谐，也从而促使他们反复就诊，以确定"到底出了什么问题"并加以纠正。

将项目扩展到精神治疗部

就气质项目提供的咨询服务的性价比问题，罗森反映，他所在机构的精神科已经开始向一些由于孩子的行为问题而请求进行精神病鉴定的父母发出气质调查问卷。治疗师然后与父母讨论孩子的气质特征全貌，并建议考虑孩子气质导致问题的可能性。就在本书写作的时候，罗森反映说，在因为担心孩子问题前来就诊的父母中，大约有25%的父母在获得有关孩子气质的信息后未再来求诊。他们觉得现在已经能够理解孩子的行为并且知道如何应对（罗森博士，私人信件，1995年11月）。

观 点

最后再说一点，另一家大型的健康保健组织（CIGNA健康计划）已对克塞尔永久医疗设立的开创性项目感兴趣，并已经在其位于亚利桑那州菲尼克斯地区的所有分部为4个月大的孩子的父母开设了前瞻性指引项目。另外一些健康保健组织，从GHCPS到哈佛社区保健计划，也已经表示出兴趣。随着过去数年有管理的保健计划迅速发展，能够减少到医院求诊次数并让父母满意的预防性项目将变得越来越重要。在这种环境下，基于气质的咨询与前瞻性指引有潜力成为儿科与精神科保健计划中的标准组成部分。

第 14 章

新的心理健康职业：气质咨询师

在第 9 章中，我们将父母指引确定为儿童精神病学领域的一项有价值的治疗策略，其定义是："制定一个改变父母行为的项目，以减轻孩子问题带来的过度和有害的压力。"

那一章解释了，当父母的不恰当要求与期望和孩子某些特殊的气质特征之间产生拟合差度，从而引起孩子的行为障碍时，为何可以使用父母指引的治疗方法。在这些情况下，需要对父母进行分步骤的咨询，以修正父母对待孩子的态度，从而将拟合差度变为拟合优度。

气质咨询师

俄勒冈州拉格兰德与加利福尼亚州的气质项目（分别见第12章与13章）的负责人不约而同地产生了同一个想法。一个治疗团体需要有一名专门的主管人员，不管其是精神病学家、儿科医生还是临床主任。但是在父母指引中，这个专门的治疗师，不管是社工、护士还是教育工作者，都不一定需要正式的学位，而只要求接受父母指引的技能培训。要求具备的最根本的技能是能够透彻理解气质的概念，确定气质的类型，了解每种特征的正面意义与负面问题，并熟悉亲子互动中的拟合优度或者拟合差度概念。此外最重要的是，父母咨询师需要具备必要的技能与素质，能够与孩子家长开展积极的交流，将前面提到的信息有效地传递给家长。

气质项目的负责人预计，这些咨询师可以在相对较短的时间内很快培训出来，其对象可以来自各种专业甚至非专业领域。就像前面几章所显示的那样，克塞尔永久医疗的气质项目由一位接受过培训的心理学家提供咨询，拉格兰德项目由父母提供咨询，亚利桑那州大学的项目由护士提供咨询，他们都成了称职的气质咨询师。

克塞尔永久医疗的气质咨询师

由于克塞尔永久医疗的培训项目是咨询师培训方面进展最大，范围最广的，我们将专门介绍这个项目的课程及其影响。

简·克里斯托尔，硕士

1986年，喀麦隆博士在圣拉斐尔健康保健组织培训了克塞尔永久医疗的第一位气质咨询师——发展心理学家简·克里斯托尔。她在圣拉斐尔同时为父母与儿科医生提供咨询。同时，简进入加州州立大学旧金山分校攻读心理学硕士，于1990年获得硕士学位。

在攻读硕士学位期间，她为儿童成长专业的学生做了几次讲座。她的教授对她的讲座印象深刻，并提出建议说，在该系设立一门气质课程是可能的，也是需要的。简很高兴，并开始为这门课程拟定大纲。我们评估了她的课程大纲，同样印象深刻，并提出了一些建议以资鼓励。到目前，她已经完成了一份100多页的初稿，我们将与她一道进行评估以最后定稿。她的教授已经批准在明年开设这门课程，名为"理解儿童气质的个性发展"。如果课程正式开始，加上她完整的教学大纲，必将成为气质咨询师一个重要的具有整体性的培训来源。

简还设立了针对学前班老师与小学老师的气质工作室。她看到有越来越多的人有意接受气质咨询师培训。现在简和这个地区的另一位健康保健组织的咨询师已经提出了组建一个私人咨询中心的设想，并拟命名为"气质学习中心"。这个想法反映了他们对于父母指引价值抱有的热情，但她也非常现实地认识到她首先必须考察这样的培训中心是否具有可操作性。她正在考虑与这个想法相关的细节问题，如证书、课程、对学生的要求以及预算等等。

简一直积极为圣拉斐尔健康保健组织的气质项目工作。她接到的几乎全部病例都是儿科医生引荐的，如果一项父母指引完成，她会将结果反馈给医生。她还没有对她的病例纪录进行统计，但估计大约80%取得了成功，而且整个父母指引过程通常需要三四次面对面咨询。正如我们所预期的，她的病例与我们在第8章和第9章讲到的类似。即使父母指引在孩子的婴儿期与学前期取得成功，在后来的成长阶段（如学龄期早期），新的要求可能会导致新的症状产生，可能要求进行新的咨询。正如在任何精神病学实践中可以预见到的一样，如果家长不合作或者还存在其他复杂的问题，有些病例可能会使咨询师感到非常沮丧。如果碰到这种情况，可能需要将家长引荐给精神病学部门。

其他的气质咨询师培训

除了简·克里斯托尔一直在开发的培训内容之外，喀麦隆博士与罗森博士在参与越来越多的健康保健组织时也总体讲授克塞尔气质项目的相关内容。他们首先集中精力在北加州的 13 个克塞尔健康保健组织开发气质项目。这些组织已经对来自各种背景的人员——9 名护士、2 名心理学家和 2 名医生（喀麦隆等，1994）——进行了气质咨询培训。罗森博士已经将其主要工作精力投入到为不同地域的健康保健组织提供教育，并且纳入了气质咨询的培训。他在对那些取得成功的组织进行访问时获得了积极的反馈，这鼓励他规划逐步扩大培训的范围（罗森博士，私人通信，1995 年 11 月 10 日）。

气质咨询师队伍扩大带来的问题

我们预计，随着过去几年来有关气质咨询的书籍、文章、讨论和工作室的大量涌现，将会有越来越多的专业与非专业人士有意成为气质咨询师。简·克里斯托尔告诉我们，她在私人通信中听说，这种情况其实已经开始出现。

我们担心的是，虽然没有获得合适的培训与资质，越来越多的人仍将开始在私营执业时自称为气质咨询师。这会带来危险,既对儿童造成伤害,也对这个行业造成影响。我们打算就这些问题及解决方案与我们的同行以及相关的专业组织负责人进行沟通。

第 15 章

气质与学校教育

从儿童正式进入学校之日起,一连串新的更为复杂的要求与期望开始影响孩子的心理成长。小学、中学及高等教育机构已经成为挑战、适应、掌握个体发展等因素交织的新中心。

学校会对学生提出许多新的要求,包括掌握越来越复杂的认知任务,同时要求他们适应新的地理环境、适应那些担任各种自己没听说过的角色的陌生成年人、适应各种新的规则与规定。学校里同伴间的各种活动更为复杂,也更具挑战性。

气质在决定学生在学校的表现中发挥了重大影响。与婴儿期和学前期简单的拟合优度问题相比,这种影响是一种高度复杂的互动组成部分。气质特征将影响学生个体对学校新的、要求更高的各种认知任务的掌握程度，并影响学生的智力与感知能力、动机强度、心理变化规律，以及教师性格、课程结构和同伴社交关系的性质。

基本上，关于气质的重要性将在本章予以强调，如同在本书整体做的一样。

案例描述

本章将介绍一些案例的花絮，以说明在多大范围或者哪种情况下某种气质特征可能影响儿童在学校的表现。

随和气质

可以预料，大多数随和的儿童在快速愉快地适应学校各个阶段的方面没有什么困难。但是总会存在一些例外。伊莎贝尔智力高于平均水平，以前学习很轻松，但进入二年级后表现越来越差。也就是在这个时候，他的父母前来寻求咨询。从表面上看，孩子尽管气质随和，但尚未适应学校的学术标准。

在父母介绍了他们自己的经历时，问题的根源就变得很明显了。他们对于独特性与每个人有权做自己这些方面要求很高——这是值得推崇的原则。他们鼓励孩子敢于自我表现，气质随和的伊莎贝尔在学前期很快就学到了父母的标准。不过，由于只有 7 岁的认知水平，也由于她很愿意做独特的人，她对父母信息的理解方式与他们预期的不一样。她不愿意接受老师日常的教学安排。在从事戏剧表演的时候，她那极具创造性的想象力大放异彩，但她认为老师的要求与她无关，她愿意听从自己的指引。由于这种态度的影响，她在学校所得甚少，成绩每况愈下。与此同时，在学校与同伴玩耍时，她也开始无视学校的规定，而是提出自己更具创意的规则。不可避免地，她变得不受欢迎，同伴们将她排斥在各种社交活动之外，这令她很感困惑。

当我向她的父母解释问题的来由时，他们马上就理解了我的意思。他们是极具奉献精神的父母，全心全意关注伊莎贝尔的健康成长。他们很高兴地看到伊莎贝尔非常轻松就学到了他们珍视的价值标准，但他们并不知道她对这些标准的理解并不适于她的学业与社交成长。换句话说，伊莎贝尔与她父母的期望达到了拟合优度，但与他们的要求之间存在拟合差度。我向他们提出的建议非常简单明了。他们应该教会伊莎贝尔有选择性地吸收他们的创造性信息。她无疑应该继续保持她对于创造性与个性的珍视，同时认识到在有些场合下，应接受与适应用于各种环境的合理的规则与期望。她的父母很快就理解并接受了我的建议，开始着手用柔和但坚定的态度教育她怎样提高自己的学业与社交水平。伊莎贝尔学习得很快，她没有改变自己是一个独特存在的感觉，一年之内，她就取得了突出的成绩，而且成为同伴里很受欢迎的一员。

棘手气质

卡尔在学校的成绩和表现与伊莎贝尔完全不同。在他还是个婴儿的时候，他在我们的纽约纵向研究样本中就被列为气质最为棘手的孩子之一。无论是第一次洗盆浴，第一次进食固体食物，还是第一个生日派对等等，每一次新的体验都激发起他的拒绝与排斥，表现为高声持续的哭闹。看起来他几乎铁定要遭遇拟合差度。的确，他妈妈对此的反应也是无助与内疚，有时会对他的行为感到愤怒。幸运的是，卡尔爸爸的态度导致了拟合优度的形成，并大大减轻了妻子的压力。

卡尔的爸爸在童年和成年期间都一直性格温和。无论他有多么气恼、愤怒还是多么高兴或愉快，他的外在表现一直都非常平和。他非常羡慕那些对于暴行或不公平现象能够表达强烈情绪的朋友和其他人。现在，他的儿子卡尔非常难于应付，但他也可能成长为他所羡慕的人。当卡尔暴怒如小型龙卷风或者高兴得大喊大叫的时候，他感到非常高兴。他称卡尔为精力旺盛的人，对他大力称赞，每当他大发脾气的时候，他总是非常耐心和冷静地对待。正如人们说婚姻是"天作之合"一样，卡尔与父亲之间的拟合优度也可称得上天作之合。

卡尔的父亲温和理性，是一家之主。他对妻子关心体贴，但在卡尔的问题上非常坚决。他认为，虽然卡尔的性格会造成很多麻烦，但没有理由希望他改变自己的气质。此外，卡尔母亲的内疚与自责并没有花太长的时间来治疗。实际上，对她最有效的疗法就是意识到，随着卡尔逐步积极地适应许多日常与基本的环境，他的问题行为会一年比一年减少。

卡尔的问题不需要我们提供任何正式的父母指引，他的父亲处理得非常成功，到卡尔首先表现出来的棘手行为被改变之时，他在学校表现良好，而且交了很多好朋友。如果不了解卡尔在幼儿时期的表现，而只观察他在童年和中学时期的表现，人们很可能会将他划为随和气质的类型中。除了面对一些完全陌生的新环境时还会偶尔冲动之外，卡尔身上已经看不到棘手气质的影子了。

多年过去了，卡尔学业进步，积极的活动越来越多，家庭关系和睦。在18岁的时候，他有一次给我（切斯）打电话要求预约，以讨论他的问题。他出现了意料不到的问题，感到迷惑不解。问题出现在半年前他进入大学的时候。他非常迫切想上大学，对大学生活充满热切的期望与自信。但是他的期望被一次意想不到的反应打破了。那次的反应与他在高中时期的行为风格也完全相反。他发现学习有困难，而且也没有交上朋友。他完全被自己的不适与孤立弄糊涂了，不断地重复一句话"这不是我！"我对可能造成他问题的原因进行了审视——失去了对父母的依赖、性冲突、让人喘不过气的学业要求与同伴竞争，但是没有发现任何这方面的证据。幸运的是，我通过他的纽约纵向研究例行纪录，对他从婴儿时开始的经历非常熟悉。他曾经是一个棘手的孩子，对新的环境会做出强烈的充满压力的反应，但是他也有过在父亲、老师与朋友的支持下逐步适应新要求的机会。他一直住在同一个社区，与自己的同学与朋友一道升学，新的课程也是循序渐进地引入的。他已经将自己视为一个适应力强的人。

但当他进入大学的时候，情况就完全不同了。与过去多年逐步适应环境的情况不一样，他现在面临一系列全新的严苛的处境。他得适应一个不熟悉的新环境，他得在这所大学里交朋友，他的学业也要求他用一种不同的新方法来应对日程、课程安排、教学方法与教授的要求。他在高中时期的适应方法不再适用。尽管他具有强烈的动机，但他的气质特征决定了他不可能一下子适应这么多新的严苛的要求。虽然这一文化冲突让他震惊，但是他多年成功应付问题的经验帮助他建立了自信与积极的自我形象。他决定重新找回自信与自我的形象。他的父母尤其是他的父亲非常具有洞察力，建议他给我打电话以利用纽约纵向研究的资源。的确，卡尔遇到了一个意想不到的需求，即迅速了解自己的气质特征，并设法熟悉这些多方面的期望，以将压力变为动力。

我与卡尔只用了一次会谈就解决了问题。我向他解释了他感到困惑的行为出现的原因，他很快就明白了。他已着手采取行动——暂时减少新课的数量，在日常学习中碰到困难时发挥气质中专注时间长与毅力强的优点。他也重视参加同学的社交活动，而不管他感觉多么紧张。

那个学年结束我再次见到卡尔的时候，他的问题已经消失，他在学业与社交上已经重新获得了高中时期突出的地位。出于合理的学术方面的原因，他准备转学到另一所大学。我提醒他，在刚进入新大学的时候，他可能还会遇到类似的困难，而且在将来遇到各种意想不到的环境时也会如此。他回答说："没问题。我现在知道怎么处理了。"他说对了。在后续调查跟踪的15年里，他又有过几次咨询面谈。他已经在学术准备、工作与社会活动中都取得了长足的进步。

慢热型气质

芭芭拉从婴儿时期起就是典型的慢热型气质。她在幼儿园里适应环境的过程中充满了压力，而且进展缓慢，但她的母亲与老师处理得很妥当。由于她在幼儿园与学前班里成功地适应了环境，她进入小学时非常轻松，而且由于非常聪明，她的阅读成绩跃居全班前茅。考虑到这个出色的成绩，老师让芭芭拉跳级进入三年级。我们纵向研究项目中专门负责学校访谈的职员对芭芭拉在学校的表现进行了仔细的考查。在三年级开始的前几个月中，芭芭拉在掌握课程内容上遇到了很大的困难，老师也怀疑将她从一年级直接升入三年级是否明智。

老师将自己的担心告诉了芭芭拉的妈妈并提出建议说，二年级的课程可能更适合芭芭拉的能力。芭芭拉的母亲回答说："我了解芭芭拉。她能够出色掌握三年级的课程。但她就是这么一个孩子，总是需要时间来适应新的环境。跳级到三年级后，她遇到了陌生的同学和与以前水平不同的学习科目。根据我们培养芭芭拉的经验，如果我们有耐心的话，她会自己逐步适应，到圣诞节的时候你会看到她又会成为一名好学生。"后来这位老师对我们的访谈职员说:"芭芭拉的妈妈预计,需要的只是时间,我当时就对自己说,这又是一个对孩子施加过多学业压力的家庭。我主要是对这种解释抱怀疑的态度,但我又觉得芭芭拉母亲的建议值得观察,因为她看起来好像不是那种对孩子施压的人。我勉强将芭芭拉留在我的班里。事实证明,芭芭拉的妈妈说得完全正确。到圣诞节的时候,芭芭拉真正掌握了所学的内容,到现在也就是年末的时候,她是班上的尖子之一,并且帮助其他的同学做作业。"

不活跃气质

凯西是我们纵向研究的调查对象之一。她缓慢的肢体动作非常显眼。在幼儿园的时候,同学们讥笑她是"笨娃",老师也将她当作发泄不耐烦的对象。老师对她的评语是"反应慢",可能智力水平低,不太愿意地让她升级——这还只不过是从幼儿园升一年级。她一年级的老师很快就觉得让她升级是个错误,因为她"迟缓费力"。

在与凯西的父母进行了首次谈话后,这位老师大发牢骚,并说她可能不得不建议凯西去读特殊的智障班。凯西的父母感到既惊慌又疑惑。他们表示,凯西在家里的时候确实也行动迟缓,但她在遵守家中规则与做家务时总是可靠而且责任心强，他们无论如何也不相信她智力有问题。他们与我（切斯）预约了当面咨询，以考察凯西明显问题背后的原因。

我们的专职心理学家会例行给纽约纵向研究的所有研究对象进行智商测试。凯西在这次咨询前半年刚刚进行过一次测试，其得分显示她的智商低于平均水平。心理学家觉得，如果凯西在测试中答题速度不是那么慢的话，她的成绩本来会好得多。我本人通过让凯西完成一些认知任务与游戏活动来对她进行了测试。虽然她思考时间长，但她的反应却非常敏锐与准确。我告诉凯西的父母，她根本不存在任何智力障碍。事实上，我感觉她的认知能力与动作灵敏性可能高于平均水平。她的表现不应该被人称为"迟缓"，而应该称为"慎重"，而后者是一种理想的品质。我将研究报告提交给凯西的老师，建议她与凯西的父母对她保持耐心，并且在她经常成功完成某些任务与活动之后给予表扬。如果他们做到这些，凯西就会建立积极自信，她的同学与朋友就会开始尊重她，不再视她为"笨娃"，而是觉得她可靠并且深思熟虑。幸运的是，凯西的老师是一位非常敏锐并且有思想的专业人士，她理解了我的研究结论，并且按照我的建议去实施。到学年结束的时候，凯西的学习已经达到了该年级的水平，这个正面的评价又被转达给了随后的老师，每年凯西在学习上与社交上都轻松又谨慎地达到了标准。

总 结

上面这些花絮式的案例描述了在学校环境中，了解儿童的气质个性是选择干预方式的关键，通过干预使孩子摆脱过度的压力，争取最优表现。在每一个案例中，压力的性质都是某种气质特征所特有的；在每一个案例中，一个具备不同气质的孩子也都从压力之下得到释放。采取干预的时候，需要父母和/或老师在问题发现的时候修正他们的态度，而干预成功的标志之一是，对那些曾经难以达到的要求，孩子具备了达到要求的能力。

这些成功的指引建议对于致力于学生利益的老师来说是有用的。遗憾的是，一些不灵活甚至不称职的老师可能会给孩子贴上"坏"或者"故意"的标签，指责孩子父母对于孩子的行为"失之管教"或者"负有责任"，或者两者兼而有之。我们记得那些发生过的悲剧，就是一些老师或父母拒绝真正了解这一点，拒绝改正那些不可避免会给孩子生活与学习带来灾难的不灵活的方法。

气质与学校表现的系统性研究

纽约纵向研究表明,有大量的孩子,其在学校的成长轨迹受到自身气质特点的影响,上面的几个案例只是一个有限的样本。这个临床结论得到了大批经验丰富的研究教育者所做的系统性客观研究的证实。其中,结论最明确的是加州大学洛杉矶分校教授芭芭拉·基欧博士(Dr. Barbara Keogh)和她的同事迈克尔·普利斯(Michael Pullis)与乔伊尔·卡德维尔(Joel Cadwell)所做的研究,以及佐治亚大学教育心理学教授罗伊·马丁博士(Dr. Roy Martin)所做的研究。他们对大量的学生和老师做了研究,研究成果丰富而且深刻,下面将做简单的总结。

基欧博士设计与运用了一个类似于我们的"教师气质问卷调查"(托马斯与切斯,1977)的精简版,然后从中提取出三个主要方面的学生数据:任务导向(耐力,注意力分散度,活跃度)、个人社交灵活度(接触/排斥,积极情绪,适应力)与反应力(消极情绪,反应阈,反应强度)。评分主要是根据老师对于学生是否有"可教性"(teachability)来确定,也就是老师对课堂管理与班级安排建议的判断。基欧(1982)发现,在气质特征尤其是任务导向与老师的课堂管理决定(可教性)之间存在高度而且一贯的相关性。

此外，老师们高估了具有特定气质特征（如灵活度）的学生的学习能力。她总结说，气质模式的不同"明显影响老师对于学生是否具有可教性的评估，影响他们对于学生能力的评估，以及他们对于学生学习表现的期望。认识到孩子行为风格的不同之处对于老师来说相当重要，因为这种差异是许多教学与管理决定的基础"（基欧，1982，p.278）。

另外一项在伊利诺伊州一个小学区所做的研究中，普利斯与卡德维尔（1982）基本上沿袭了基欧的研究方法。他们扩充了她的研究，在排除了能力评级、动机与社会互动研究等因素后，计算出了一个相关性回归方程。他们的结论基本上确认了基欧的结论，得出了类似的结果。

罗伊·马丁（1982）与他的同事就儿童的气质与其学校表现各个方面的相关性进行了大规模的系列研究。他们采用了我们的"教师气质问卷调查"的一个修改版本，将其数据与学生的学业表现进行了相关性计算。他们在四项仔细的研究中，找到了活动特点、注意力分散度和耐力与学习能力之间的重要关系。

在20世纪70年代与80年代，不少研究人员在气质与学校表现之间相关性方面进行了大量研究。基欧（1989）对这些研究成果进行了全面和系统的考察。她在考察报告的结尾部分，对许多有关心理教育评估及其对教学的意义的相关评论进行了总结（基欧，1989，pp.444-446）。

　　基欧在其早期的研究报告中（1982）发表过一个扼要的评论："参与我们研究的教师反映，在教学中考虑到学生的气质特征使他们对于每个学生的了解更为敏锐。"（基欧，1982，p.277）她的这个结论高度确认了我们自己的经验。我们的经验来源于两方面：一是每年一度在纵向研究项目中进行的教师访谈，二是我们对来自很多不同学校的老师进行的多次临床讨论。鲜有例外，老师们都很快掌握了气质个性的概念及其对于拟合优度概念的影响。这些老师告诉我们及我们的专职访谈人员，他们将气质理论应用于学生身上，使他们的教学工作更有效果而且更加轻松。

第 16 章

气质与儿科实践

在我们纽约纵向研究早期的几十年里，我们总结的概念与研究结果吸引了从事儿童成长基本问题的各种专业人士，尤其是儿科医生审慎而热情地支持我们的报告及其所包含的重要性。

本杰明·斯波克（Benjamin Spock）的继任者、哈佛大学著名的美国家庭儿科医生巴里·布雷泽尔顿说，"斯泰拉·切斯与亚历山大·托马斯把考虑儿童不同成长风格变成了'习惯做法'"（布雷泽尔顿，1969，p.xx）。

证实这种说法的一个例子是，我（托马斯）意外地得到了南卡罗来纳州一个小镇上的一位个体执业儿科医生的赞扬。在 20 世纪 70 年代后期，我的一位鳏居好友与一位抚养几个青少年子女的南方寡妇再婚。我的好友给我打电话，告诉我说他的一个继子曾有过数次行为障碍的急性发作，要求我对其问题进行检查。我安排了与孩子及其母亲一起见面。两人都描述了急性发作的情形，即孩子每次都突然出现奇怪而且激烈的行为，然后在几个小时之内又自动停止。在咨询过程中，我提出了详细的问题，进行了仔细的观察，还做了一次粗浅的神经学方面的检查，但是并没有发现任何重要证据，表明孩子持续存在不正常的行为，或者在他现在与过去的生活中存在着具体的特殊压力。那位母亲证实了孩子的故事及其学校表现的总体特征。

此前对孩子的诊断根本算不上清晰明了，但暗示着孩子可能存在类似于癫痫的问题。至于他的儿童时期，我无法从他或者他母亲言谈中发现任何类似癫痫症状的问题。他在一个南方小镇长大，在那里曾接受儿科护理。因此，我给他的儿科医生打电话，表明了我的身份。这位医生激动地打断我的话说道："托马斯博士，我非常荣幸终于有机会告诉你与切斯博士，你们已经让我对自己病人的问题有了截然不同的了解，并且使我能够大为改善对他们的治疗效果。我只是想我必须对你们表示深深的感谢。"我闻言极为开心，并称赞他对于这个领域的新研究进展进行如此密切的跟踪。然后我向他解释了打电话的原因。这位医生检索了他的资料后告诉我，这个男孩发育完全正常，在整个儿童时期没有任何患有类似癫痫病的迹象。

我告诉这个孩子与他的母亲，我在检查中没有发现任何异常，建议他们采取观望态度，看看以后还会不会有这类急性发作。如果再度发作，我会建议他们进行彻底的神经病学检查与测试。就我所知，在这次咨询之后，这位少年再也没有发作过，也没有出现其他严重的病态行为。

在另外一个方面，就前面章节中介绍的克塞尔永久医疗气质项目来说，令人印象深刻的是，健康保健组织的大批儿科职员全部快速地了解了这个气质项目的研究发现与推荐措施，并将其应用于实际当中。

另外一些专业人士接受我们提出的概念和结论相对较慢。但是，儿科医生做出了积极快速的回应。

儿科医生的智慧

儿科医生在自己的实践中了解到，婴儿出生后其行为风格各不相同。他们在接待儿童患者的时候逐步认识到了这些差异，并且将这一知识运用于他们对每一位前来就诊儿童的诊断与治疗之中。一位扭伤脚踝的孩子如果来就诊的时候大声哭闹，那么他总是会激烈抗拒任何日常检查或治疗程序，不管是打针还是哪怕只是用压舌板。医生记住了这个特点，对轻微红肿的脚踝进行检查，认定孩子的大声哭闹并非意味着有更严重的问题，于是只简单地对脚踝进行包扎并开出小剂量阿司匹林。另一个小孩也扭伤了脚踝，但进来的时候非常安静，而且在接受医生日常检查或治疗时，总是只低声发出短暂的啜泣。对这个孩子，医生注意到她眼里含着泪水，正在极力克制自己不要哭出来。她的脚踝肿得并不比第一个孩子厉害，但在医生问"疼不疼"的时候，她会使劲但不出声地点头。对这个孩子，医生对她脚踝受伤的程度比对第一个孩子更为担心，于是决定对其进行X光检查。果不其然，结果显示孩子的脚踝骨折，要求采取完全不同的治疗方法，而不是像第一个孩子那样简单包扎了事。

母亲的评估

一位敏锐的儿科医生也会对患儿母亲的独特个性类型进行评估。一位长期以来一直经常给医生电话留言、哪怕只是孩子轻微发烧或是擦伤了膝盖也声称需要紧急治疗的妈妈，可能是最不需要马上进行回复的。另一个母亲则气定神闲，很少担心自己的孩子，当孩子患有中度疼痛或者相当严重的膝伤时也预计很快会好，无须医生担心。医生走进办公室后，检查了全部电话留言纪录，其中有这位母亲的留言是："鲍比右下腹疼，恶心，发烧101℉。我是否应采取什么措施还是不管他？"根据这则信息与其母亲的特点，儿科医生立马做出回应，安排对孩子进行紧急检查。她遇到问题这一事实当即引起医生警觉，而她的冷静个性加上有条不紊的语言表述使医生怀疑孩子患有急性阑尾炎。

我们开始纽约纵向研究项目的时候，已经做出了个性特征具有重要实际意义的假设。当时我们访问了一位年长的家庭故交路易斯·弗拉阿德博士（Dr.Lewis Fraad），他是一家一流医学院儿科学系的教授与主任。我们问路易斯如何判断我们所做的假设以及在研究中对其进行测试的设想。我们与其他所有人一样极为尊重路易斯博士的临床与研究专长，于是利用我们的友情请他发表意见。他笑着说："我告诉你们我怎么做的。我一些患者的母亲老是困扰我，因为她们不断抱怨说，她们的孩子喜欢大惊小怪，难于管教。我知道这些孩子都很正常，于是设法用某种方式来告诉她们，以免让她们觉得我无视她们的担心。我告诉患儿的母亲说，这个孩子正在经历一个'俄狄浦斯'阶段，这种表现是正常的，无须担心，孩子最后会安然度过这个阶段。当然我自己都不相信这个'俄狄浦斯'的胡诌，但是那些母亲都为我的专家知识所折服，感到她们已经得到了解释，于是不再骚扰我。于是，在她们放松下来后，孩子们也放松下来了。我不知道别的儿科医生是如何应对这类家长的，但这个方法对我很管用。"

然后路易斯谈到我们所做的假设说："你们所做的假设合情合理，如果你们能通过研究证实，那很好，我就用不着再编造什么俄狄浦斯情节了。"我们都乐了，对他表示感谢。我们都相信他的花招没问题，但我们也同样相信，如果患儿母亲的小题大做是孩子可能真有问题的信号，他也能立即觉察出来并且迅速注意孩子的问题。

威廉·凯利博士

在上个世纪60年代，费城郊区一位私人执业的年轻儿科医生威廉·凯利博士（Dr. William B. Carey）请求与我们会面。会面不久他就显示出明显的学术与创新头脑。他对这个领域各种研究项目密切跟踪，而且他的注意力被一个问题所强烈吸引：气质。我们的纵向研究项目对气质及其理论与实际意义进行了系统性的研究，他一直跟踪我们的研究发现。作为一位敏锐的临床医生，凯利立即就认识到，应用我们的理论与具有可操作性的结论，将会增强儿科治疗的效果。他也估计，要根据我们的研究报告对各种气质类型进行确定并评级，对于在办公室或者临床中忙忙碌碌的从业者来说是不实际的。作为一个重于动手的人，他设立了一个目标，就是设计出一份简短但涵盖重要气质类型与评级的调查问卷。他找我们就是为了就这个计划进行咨询。我们对他的提议非常高兴，它也与我们的工作毫无冲突。凯利于是动员了一位同事西恩·麦克德维特博士（Dr. Sean McDevitt）参与，他是一位心理学家，擅长开发量化模型，包括问卷调查。到1968年，他们两位已经开发出一份在心理—计量学方面站得住脚的婴儿问卷调查，这份调查大约需要婴儿父母用20分钟时间回答问题，然后他们用10分钟来进行评估（凯利，1970）。

凯利在1970年公开了他们的首份调查问卷，很快引起了越来越多临床医生与研究人员的重视。这些临床医生与研究人员此前都被我们提出的有关证据所吸引，这些证据表明在健康或者不健康的心理成长过程中，气质是一个重要的影响因素。从那以后，凯利与他的同事已经开发出针对1~3岁、3~7岁和8~12岁的问卷调查，这些都很快被广为应用。

毫不奇怪的是，凯利的兴趣继续扩大，远远超出了开发调查问卷的范围。迄今他已经发表了几近30篇有关儿科的研究论文。他参加了大量的气质专题会议，他所提出的评论、建议与批评总是精炼、深刻而且严肃。此外，不管在什么样的讨论中，他搞怪的幽默也令人开心。

凯利还安排组织一个国际性的跨学科团体在科莫湖会议中心召开了一个为期5天的气质专题会议，会议得到了洛克菲勒基金会的赞助。他与麦克德维特一道对会议资料进行了编辑整理（凯利与麦克德维特，1989）。他还参与了一本综合性教材《成长行为儿科学》（*Developmental-Behavioral Pediatrics*）［列文（Levine）、凯利与克罗克尔（Crocker），1992］两个版本的共同编辑。在经过31年普通儿科实务后，凯利现在是宾州大学儿科系临床教授，在宾州儿童医院行为儿科部门进行教学与监督。

凯利开始的时候只是一名简单的私人执业儿科医生——他常这样介绍自己："我只是一名乡村医生。"——但有着睿智头脑的他从我们的研究报告中发现了气质的重要性。随着他和同事麦克德维特不断的大胆探索，人们对他的成就惊叹不已：他不仅贡献了丰硕的研究成果，而且不仅成了气质研究领域的权威，还成了整个行为儿科学领域的权威。但他绝不愿意满足于现有的荣誉与成就。他与麦克德维特出版了一本指导专业人员的权威著作《如何对待儿童气质》（*Coping With Children's Temperament*, 1995）。知名的专业人士如此评价他的书："这本书表达清楚，逻辑性强，是一个藏宝之所……这本书无与伦比。""精彩，内容丰富，极具可读性。"我们的评论是:"这是一本精妙绝伦的著作。"我们还补充说,凯利博士从事的儿科工作毫无疑问精彩无比。我们相信这本著作与他职业中迄今所取得的成就只不过是刚刚开始,我们期待他在今后持续做出更多贡献。

第 17 章

气质与护理实践

两名9岁男孩罗伯特与马丁,来自不同的家庭,他们在同一天早上因患急性阑尾炎进入了同一个儿科手术室。当天下午,两人都接受了简单的阑尾切除手术,都没有任何并发症。

在手术后的第二天早上,主管护士与实习护士一道评估护理要求,她把教学重点放在这两个她自己亲自观察过的男孩身上。实习护士汇报说,罗伯特一直大声喊伤口疼,她认为可能需要给他开大剂量的止痛药。马丁则截然相反,他只是睁着眼睛静静地躺在床上没有任何抱怨,所以他看起来不需要任何止痛措施。主管护士一边听一边微笑,然后让实习护士跟她一道去对男孩进行检查。

在她们接近病床的时候，罗伯特骚动不安，表情古怪。他一看到护士走近，就开始大声喧闹。相反，马丁则很安静。主管护士检查了罗伯特的体温与脉搏，将盖在他肚子上的衣服一端拉下来检查伤口，发现伤口干净而且缝合严密，没有任何感染的迹象。主管护士微笑着说："罗比，你恢复得很好。我相信手术让你有点疼，但我觉得你没必要那么大声喊叫。你是不是只要被什么东西弄疼了，比如你掉地下擦伤膝盖后就会大吵大闹？"罗伯特变得温顺了，他说："是的，在我大声喊叫的时候，整个房间都听得到。我爸妈说从我的喊叫中他们搞不清我是磕破了手肘还是撞断了胳膊。但是他们都会对我说我真的是个好孩子。"主管护士笑起来说："罗比，我相信你是个好孩子。当然，你的伤口会让你再疼一到两天，我们会给你弄些药。如果还是特别的疼，你能否试着控制一下你的喊叫？不然的话，可能会打扰你旁边的孩子。"罗伯特点头同意。

主管护士然后转向马丁，检查他的脉搏与体温，发现脉搏轻微加快，体温略微上升。她又检查了他的伤口，发现有点红肿。她俯下身去，捋顺了马丁的头发，温柔地说："马丁，我觉得你的伤口一定让你感到很疼。你是个勇敢的孩子，但你必须告诉我。"马丁安静地点点头，然后流下了眼泪。"很疼很疼，我非常担心。"护士又安慰他："你的手术很成功，不必担心。我们会再给你开一到两天的药。你很快就能回家，再过一到两个星期就能上学，参加你的棒球队了。"马丁点头说道："谢谢您，我已经感觉好多了。"护士在检查表上做了适当的标记，以提醒马丁的手术大夫。

在护士站，主管护士回顾了这个小插曲的教训——概括来说就是护士必须对每位患者的具体医疗需要与舒适程度进行评估。伤口外观以及脉搏和体温都很清楚，而且也很客观。但是很显然实习护士还没有学习如何理解每位患者的行为风格的特定含义与所传达的信息。"因为罗伯特大声喊疼，你就认为他需要大剂量的药物。但是稍做了解就会发现他什么事情都是同样反应。他所需要的只是适度的药物与心理安慰。而马丁的伤口轻度发炎，他没有大声喊叫可能意味着很多事情，比如对疼痛敏感度低或者压制焦虑。你看，当我们花时间去问他的时候，他是多么安静地表示他的伤口疼而且感到担忧的。他父母来探视的时候，我们应该了解他是否一向如此安静，从不抱怨。对一个不爱抱怨的患者，我们很容易忽视他渴望得到安慰的真正需求。但是我们也有可能忽略他的伤口已开始感染的信号。与罗伯特比起来，马丁需要更大剂量的药物。我们得给主刀大夫打电话，报告伤口可能感染的危险性，以便采取适当的措施。"

主管护士看着被自己的误判惊呆了的实习护士，微笑着说："你还是个学生，还有很多需要学习的东西。你的老师有没有让你们看威利（Whaley）与王（Wong）的教材（1983）？"实习护士回答说："没有。我听说过这本书，但是老师还没有规定我们去读。"在那本有关儿科护理的教材中，作者描述了孩子身上存在的不同的行为特征即气质。气质影响孩子的行为与成长，作者讨论了理解气质的各种方法，可以作为护士的实践指南。马丁与罗伯特就是运用指南的一个例子。

护士的作用

无论是在医院、诊室、学校还是在特殊机构里，护士都是夜以继日忙碌在火线上，照顾患病的儿童或者成年人，以及健康年轻人焦虑的父母。上节中提到的临床花絮就很典型。一位经验丰富的敏锐的护士知道，发现不同孩子表现出来的行为差异是多么重要。多年来，我们无数次留下深刻的印象：不管护士们对气质的概念是否了解，她们都极其重视气质的规律，并极好地应用到了日常工作中。

系统性的护理研究与讨论

从上个世纪80年代起,护理期刊与教材上的系统性研究与越来越多的气质问题讨论,反映出经验丰富的护士们越来越重视气质的影响(切斯与托马斯,1986)。80年代早期的这个势头延至现在已经进一步扩大,表现为护理研究人员与教员数量不断增长。

注册护士、亚利桑那州立大学教授南茜·梅尔文博士(Nancy Melvin, R.N., Ph.D.)因其名为"儿童气质:父母的护理干预"的项目而获得了国家护理研究协会一笔为期三年的重大资助。几位专家级的气质研究人员(包括切斯)担任项目顾问。

梅尔文从社区招募了300多名学前儿童的父母作为志愿者。这些家庭被随机分配成三个小组:(1)对照组(父母没有受到干预),(2)信息组(父母收到一封专门邮件,解释了孩子的气质概貌,还有一个与父母对孩子评分相适应的管理方案),以及(3)护理干预组(父母接受一个儿科护士的亲身干预)。父母填写关于孩子气质与行为问题的问卷调查。第3组中的护士在孩子成长与行为评估、家教技巧、预期指引以及家庭咨询领域具备相当丰富的经验,并且对气质问题感兴趣。这些护士实际上担任了家长的气质咨询师，为他们解决孩子的行为问题提供指导（梅尔文，1995）。

这个项目现在进入第二年，进展顺利。关于这些对照组的发现有可能解答几个重要问题：父母能否利用有用的气质指南信息，并积极改正他们管教问题孩子的方式？一位受过训练的护士能否通过与孩子父母进行少数几次咨询就为他们提供指引、帮助其解决孩子的困难与行为问题？

人们怀着极大的兴趣等待梅尔文项目的最终成果。到现在为止，我们的纽约纵向研究项目有关气质与拟合优度的概念已经应用于许多中心的父母指南里，以及应用于许多保健专业人士与教育者的个体实务中。

这一临床经验已在克塞尔永久气质项目（见第13章）中得到客观证实。梅尔文这个客观、高级的项目将会极大地证实父母指引的作用，以及用经验丰富的护士作为气质咨询师提供父母指引的做法是有用的。

注册护士、纽约大学护理系副教授桑德拉·麦克克劳里博士（Sandra McClowry, R.N., Ph.D.），因参与在纽约一所内城小学建立一个综合性的以学校为基础的健康中心，而获得了一家私人基金会的大额资助。从1994年底开始，这所学校幼儿园到五年级的学生家长被邀请参加一个基于气质的家教项目。选择性的干预持续10周，在此期间，父母学习认识与欣赏他们孩子的气质，然后确定有效的家教策略。她用几种方式对这个项目的效果进行了评估。孩子行为的变化通过老师与家长提供的信息进行评估，信息收集时间是学年初期与结束的时候，以及父母参与这个气质干预项目的前后。孩子的社交能力与父母压力则在学年初与学年结尾的时候评估。有关成绩的数据收集后用来与同一社区内但没有干预中心的另一所学校的数据进行比较。

麦克克劳里预计在来年完成数据分析，并在一份护理学术期刊上发表。她的报告将具有重要意义，因为这是一项具有开创性的研究，以评估气质项目在对落后的内城学童行为与学习问题进行预防与早期干预的价值所在。

此外，麦克克劳里与同事（麦克克劳里等，1994）还公布了一项广泛而复杂的研究的结果。这项研究主要考察的是孩子的气质、母亲的个性与家庭环境在学龄儿童适应不良问题中所起的影响。

最后，1995年6月，一份知名的护理学术期刊《儿科护理期刊》(*Journal of Pediatric Nursing*)发表了一集专题，内容是一系列有关"儿童气质的临床应用"的研究论文。来自全国不同学术中心的7位护士提交了论文并且获得了对其气质领域研究的资助。论文的主题包括气质对于婴儿家教的影响、气质在幼儿身上的表现、一个对学前儿童父母进行的气质干预项目、有关6~12岁儿童气质相关行为的访谈、气质对于残疾儿童的影响、气质对于患病和/或住院儿童反应的影响,以及一项对于有疝气与没有疝气婴儿的气质的研究。梅尔文与麦克克劳里是这期专题的共同编辑,他们称这些论文旨在"吸引护士更多地学习有关气质的知识并且鼓励研究人员与临床工作者"(梅尔文与麦克克劳里,1995,p.140)。

我们亲眼看到越来越多的护士从事气质研究及其临床应用,而且这方面的项目数量也日益增长,这是一个令人兴奋的进展。

第18章

儿童气质与心理治疗

乔安博士（Dr. Joan）是一名儿童精神病学医生，通过纽约大学—贝列佛医学中心的住院实习项目与奖学金项目接受专业训练。她聪明伶俐，一丝不苟地对待自己的学习任务，拥有有趣的创新想法，与中心的职员相处轻松并且充满合作精神。

乔安在20世纪70年代毕业的时候，表示有意在贝列佛医院成为一名全职的精神病学家。我们的教职工都对她的选择感到高兴，并且在我（切斯）的特殊儿科精神病学联络诊室为她提供了一个职位。"联络"意味着与普通儿科诊室保持密切联系，不仅在地理位置上还是工作中都联系密切。拥有天资与才干的乔安很轻松地在短时间内成为一位重要的职员。她除了出色地完成日常事务外，还与儿科职员建立了密切的积极关系，这些职员都将其联络服务看成是儿科临床专科服务之一。

没过几年，我们诊室的一个高级职位空缺，我迅速提拔乔安担任了这一职务。不出我所料，乔安全心全意并且称职地承担了这些新的责任。大约5年之后，在她第一个孩子出生休完产假之后，她告诉我，她希望全职从事私人执业，并辞去了她在诊室的工作。我感到意外与失望，但这是她的选择，此后她与我们的员工保持着友好的关系。

虽然我们的业务偶有交叉，但我们一直没有机会进行临床讨论。10年后，我在医院外的人行侧道上偶然遇见了她。我们互相问好之后，她突然说："斯泰拉，我必须给你讲讲我的一个病例。几乎有一年，我一直在尽力治疗一位有很多行为问题的8岁男孩，但没有任何进展。而且我就是找不到他症状的原因。我曾想这一定是父母的问题，但是孩子的父母与其他家人都很健康，我不能将问题归咎于他们。我感到迷惑与沮丧，然后突然来了灵感。这个男孩一定具有棘手气质，他的行为问题根源一定是他与父母管教方式之间的拟合差度造成的。这就像是拼图一样，所有的图片都搭好后呈现出了清楚的模式。我改变了治疗方法，开始进行父母指引讨论，目标是实现拟合优度。我在讨论中解释了气质的性质、具有棘手气质儿童所表现的正常但不常见的行为，并且告诉家长，这些都要求在对待孩子时要采取不同的特定方法。孩子的父母既聪明而且很体贴，他们很快就了解了我所提建议背后的原因。在进行了几次讨论之后，家长改变了方法，现在实现了你所谓的拟合优度。可以说，这个男孩的障碍被融化，一个月之后就痊愈出院了。就在上个星期，我检查了一遍6个月的后续跟踪记录，现在孩子与家长都很好。"我对此感到很高兴。

关于早期生活经历的无稽之谈

乔安博士的故事为儿童精神病学治疗提供了丰富的经验。其中最为重要的是，诊断必须精确；这一规则也同样适用于医学各领域的治疗。

对于儿童治疗师来说，这个规则似乎是显而易见的，但在儿童行为问题评估方面，它也许是最难做到的。年幼的生命并未成熟；它的成长过程从一开始就是许多有机因素与生命经历错综交织的进化过程。

根据古典心理分析理论与通俗的理解，有行为问题的儿童与成年人比起来，其行为失调的发展并没有那么复杂，因为许多病理因素与生活经历的交互影响随着时间推移在不断变化。儿童精神病学家面临的患者生命跨度较短，看起来诊断相对容易。照此看来，在诊断时有必要在这个短暂的生命跨度内，找出一个引起这个不成熟生命的行为失调的主要创伤事件。

在过去的半个世纪中，许多（或许是大多数）儿童治疗师都将一个病理性失调的家庭作为问题的主要诱因，而母亲往往是罪魁祸首。其他的因素如环境压力、训练、社会文化问题以及依恋理论有可能被补充作为第二影响因素，也有可能不予考虑。最为流行的这个规则，甚至包括第二位的各种因素，绝大部分都是基于这一概念，即行为失调出现与发展的决定性阶段是生命的早期。"从传统上来说，心理发展理论，不管其偏重于哪一方面，一般都会对从怀孕、出生到幼童时期做出线性的预测。"（切斯，1979，p.109）例如，一位著名的儿童成长研究人员断言："我可以看出，与良好的感觉、普通的观察与所有成长理论相比，我们明显无法只从早期的生命经历就对一个人以后的个性做出先验性的预测，我将这个结果视为对现有判断标准与方法的否定，而不是成长现实的写照。"［布朗森（Bronson），1974］。

不过，"良好的感觉"与"普通的观察"从来都不是判断科学理论可靠性的标准。两位姓克拉克的作者出版的经典著作（1976）中有大量的重要数据。他们的著作记录了许多知名研究人员就早期生命经历影响所做的大范围系列研究结果，所有这些研究都指向这个突出的结论："成长的整体过程很重要，而不是早期生命阶段。迄今没有迹象表明某个阶段明显比其他阶段的塑造性更大；从长远来说，整个过程可能都重要［克拉克（Clarke）与克拉克（Clarke），1976，p.272］。

克拉克的结论得到了一批研究人员及我们自己纵向研究结论的回应（切斯，1979）。遗憾的是，有关儿童行为问题是其生命早期的几年中家庭功能失调引起的这个未经证实的理论还只是慢慢地被人们重新考虑。直到今天，这个理论还是许多儿童治疗师唯一考虑的理论。

但是现在我们的纵向研究与其他人的诸多研究已经向人们展示了一个新的理论，即导致拟合差度的气质—环境适应不良现象可能在任何年龄阶段造成行为失调——婴儿时期、学前时期、学龄时期、青少年时期以及成人时期。正如我们在前面章节中所详细介绍的，这个理论与其影响已经被儿科医生、护士、发展心理学家与教育工作者广为接受。

对棘手气质的错误诊断

在我的咨询实践中，许多被引荐给我的家庭都有这样一个故事：家里的一个孩子出现了行为问题，已经过一位优秀的儿童治疗师诊断并接受了数个月的治疗，就是没有效果。我在对患者进行详尽的病史了解与游戏访谈后得到的强烈印象是，最常导致诊断与治疗错误的是没有注意到孩子可能是棘手气质而且与父母之间存在拟合差度。乔安博士在上面提到的病例中所做的错误诊断就是一个典型例子。幸运的是，乔安博士天资聪慧，而且在贝列佛培训时了解到了气质的概念及其影响。在对孩子进行长时间的无效治疗后，她重新审视了自己的诊断，认识到了错误，纠正了诊断结论，并改用了父母指引的治疗方法，结果在几个星期内就取得了成功。

遗憾的是，在长时间无效治疗之后被引荐给我的病例，以前进行治疗的儿童治疗师都没有及早意识到问题可能是气质引起的。因此，这个可能的影响因素便未被考虑。

儿童治疗师如果对孩子拥有与其父母预期不一致的气质风格这种可能性不加以注意，那么在对其行为问题进行诊断与治疗时注定会犯错误。认识到父母的管教方式导致了拟合差度的出现，并且建议家长改变方法，这不等于是责备父母（见第8章）。在这类的案例中，治疗师可能轻易地被"证据"所诱导而确信这是一个功能失调的家庭。行为气质特征可能在儿童早期就表现明显。此外，在照顾这类孩子时一直面临困难的母亲并没有意识到这是孩子气质的表现。睡眠作息问题；接触新食物、新人或者新地方；马桶使用训练等等，都太易于导致母亲的自责，从而产生焦虑、内疚与自我防御。治疗师往往会将母亲的压力错误地当成问题的原因而不是孩子行为的影响结果。

父母指引的难易

在乔安介绍的病例中，幸运的是运用父母指引方法只需要进行少数几次讨论。病例中的父母智慧而且灵活。他们了解了孩子气质模式的性质，而且能够将与孩子之间的拟合差度改造成拟合优度。在许多其他病例中，进行父母指引可能需要先进行多次咨询，才能让父母掌握气质的概念并且逐步实现拟合优度；此外，父母可能在调整或者改变他们的养育方式时相对没有那么灵活（见第9章）。还有可能同时需要对孩子进行心理治疗；这永远是一个可变的任务——有时进展迅速，有时旷日持久，有时介于两者之间。

心理治疗需要考虑的其他气质特点

上面的讨论主要针对气质—环境关系，案例多为棘手气质导致的适应不良现象。不管治疗结果是成功还是失败，这些常常是最为突出的病例。但是其他气质类型也可能导致拟合差度。慢热型儿童可能会过于害羞，对新环境可能会感到焦虑；十分活跃的儿童可能变得紧张，如果没有给予空间与机会让他们在家里或者学校适当地从事体力活动，他们可能会出现困扰；高度专注的孩子可能在从事非常耗时的活动时因突遭中止而感到沮丧。

最后提出一点忠告，就任何儿童的行为问题一定有气质因素的作用这个假设而言，这个钟摆的摆动幅度可能相当大。在有些案例中，气质的影响很重要。但是也有很多案例，孩子行为障碍的原因里面，气质因素的影响可能只是中度、微小甚至可以忽略。

第 19 章

青少年气质与心理治疗

13岁的弗吉尼亚被引荐给我（切斯）进行精神病学评估时，虽然她并未患什么重大的精神疾患，但她的问题相当严重。她拥有诸多优点。她超级聪明，协调性好，兴趣广泛，而且由于专注度强，她能很轻松地掌握自己感兴趣的技巧。但她无法维持友情，经常与两个妹妹及父母争吵。父母得出结论，他们与弗吉尼亚都需要帮助。他们基本上相信自己是好父母，他们与11岁的苏珊及9岁的维拉的关系就证明了这一点。

弗吉尼亚的父母莱昂纳多先生与太太都超级聪明而且能干。莱昂纳多先生是一位生化学家，负责一个商业辛迪加的一个大型部门。莱昂纳多太太在孩子出生前是一位老师。她现在投入大量时间，兼职负责家长的联络，并在教学与社区里做义工。吉妮（弗吉尼亚的昵称）是他们所中意的健康孩子，而且她的成长一直正常而且优秀。

据反映，吉妮的问题始于她进幼儿园之初。在此之前，虽然她是个爱逗能的孩子，而且在蹒跚学步时曾经有过脾气大发，但是她的父母一直不认为这些表现不同寻常，不认为这是管教问题。吉妮在适应新事物时感到困难，但是她的父母也处理得当。他们逐步提高对她的期望，并且尊重她适应慢的行为风格。

不过在学校里，吉妮的社交行为问题越来越大。尽管年龄增长，她仍然继续大发脾气。随着她身材的增长与词汇的日益丰富，她既疏远了老师，也疏远了同学。在家里，她越来越频繁地破坏理性讨论的氛围。她的父母起先怀疑学校教育失职，但在连换两所学校之后，他们认识到问题出在吉妮的行为本身。

在我翻阅与吉妮的父母访谈记录时，一个事实变得越来越清楚，那就是她自婴儿时期开始表现的行为风格符合我们称为"棘手儿童"的气质特征。从婴儿时期起她的生理作息就不规律，抵触新环境与新人，适应速度慢，多数时候消极情绪多于积极情绪，而且表达情绪时很激烈。在这些气质特征外，她还具有专注度高、活跃度高的特点。

虽然这些特点每一个都完全正常，但是结合起来就很可怕。当她的愿望与父母、老师或者同学们一致时，她就像一项宝贵的资产，大家都乐于跟她在一起。但是随着年龄的增长，她表达反对意见时越来越高声，而且越来越固执。她的持久耐力与争论中的高智力特点变成了负担。在学校里，常常爆发的争吵会打断课堂教学，而且在一两个同学不幸遭受了她的言词之辱后，其他的同学都对她敬而远之。每次争吵结束之后，吉妮很快就将其抛诸脑后，无法理解为什么大家都那么不讲理地对她心存不满。因此，她不会认为她做错过什么，导致每个人都不喜欢她的烦恼局面。她的父母在她蹒跚学步及学前时期勉力维持的拟合优度也很快消失。

尽管很显然吉妮的气质特征在她的行为障碍的发生与持续中起了主要作用，但同样显然的是，这个不断出现的加速恶性循环通过简单地搞清其中的气质因素影响是无法逆转的。莱昂纳多夫妇非常认同对她的气质描述，也愿意在必要的时候调整他们的管教方法。他们也同意心理治疗至关重要，并在治疗过程中成为了能干、客观与聪明的合作者。我们一致同意，治疗不会立竿见影。心理疗法的终极目标是让吉妮获得自我认知，并且利用这种认知来控制自己的行为。在这个过程中，我们还有一个目标是恢复吉妮迅速下降的自尊，帮助她提高社交能力，具体来说就是要认识到其他人的行为风格并予以尊重。尤其是，她需要认真观察社交场面，并学习据以评判她的自发反应是否适合各种社交期望。实际上，她一直都似乎不知道将一个朋友弄得哭起来是不友好的行为，或者哪怕她骂老师傲慢符合事实，在课堂上这样说也是不合适的。

最重要的是，吉妮具有强烈的改变生活的动机。的确，她将自己视为一个充满虚伪的世界里的牺牲品，是真理的捍卫者。但她总体上还是对家庭怀着深厚感情，能够做出慷慨之举，而且在世界似乎以一种奇怪的方式崩塌向她压过来的时候，她真心认为父母就是躲避的港湾。治疗是不定期进行的。莱昂纳多夫妇在会谈中极为客观地描述了值得注意的小事件，使我对吉妮的了解趋于全面。我坚持要吉妮对这些事件进行平实且极为详尽的描述，慢慢地，吉妮能够加强自我意识。最后，将她自己的描述作为基础，以确定她的行为对其他人的需求与感觉所造成的影响也成为可能。治疗的焦点是帮助吉妮更有效地表达自己的想法，而不是开罪他人。我建议吉妮改正自己在学校提出想法时爱争论的做法，在前四次提出这个建议时，她对我大发雷霆，以她典型的问题行为方式来对待我。我静静地观察，直到她心平气和。然后我告诉她，她的话极具思想性，让我印象深刻。不管其他人是同意她的想法还是对其进行修正甚至批评，都不意味着他们是她的敌人。恰好相反，这样的回应证明她的想法激发了大家的思考。结果可能是达成一致、进行修正或者反对。这样甚至会扩充她想法的内涵。因此我告诉她说，当你刚才对我发表有趣的评论时，我尊重你的想法，也希望你学会怀着对同学意见的尊重加入讨论。只有在你尊重并且认真听取他们的话时，他们才会同样对待你。最后，在第四次咨询中，她真的开始认真听取我的想法。至此，我们终于冲到了终点。她也同意，如果她可以用自己的目标来指导行动，她实际上会更能达到目标。

真正的突破出现在她下一次预约咨询的前一天。她打电话给我说，她对学校里发生的一起不公正事件万分恼火，她知道如果自己因此引发了一场混乱的话，以后可能再也没人会听她说话了。她同意，如果她能从父母那里获得对此事更全面的了解，我的建议可能会更有帮助。事实也确实证明了吉妮对于那起不公正事件的看法是正确的。但是，由于她最近就一些无关紧要的小事发起了抗议活动，人们对她感到恼火，在这种氛围之下，此次她的声音也被忽视了。我安排与吉妮和她的父母在第二天上课前见面讨论。看到三个大人愿意重新安排日程，就因为他们觉得她的需要非常重要，吉妮在这种氛围之下终于头一次朝着自我认知迈出了巨大的一步。第二天早晨她仔细排练了自己要做的演讲，她的父母提供了有用的润色建议。幸运的是，就在头天晚上，学校当局也意识到，虽然吉妮经常小题大做，但这次她是真的不满。她对学校的态度感到意外，学校也对她能够合理表达自己的立场感到意外，于是积极的新行为方式在她身上出现了。

但我不想给你们留下这么一个印象，就是进一步的治疗是一个顺畅的良性循环。吉妮继续表现出适应慢、对新环境或者新人会自然看到其消极面、必须要熟悉才能进行积极互动等特点。她仍跟以前一样高度紧张，高度专注，而且需要进行大量的体力活动。但是这些气质特点越来越多地得到了创造性的应用，她更多地表现出真心享受而不是破坏性地发脾气。而且，随着逐步步入成年，她越来越多地依靠家庭支持系统，以在行动之前对问题进行梳理。根据她自己的意愿，也经过她父母的许可，她有几年一直安排在大学放假的时候与我会面，在会面期间她会对各种正面的与负面的事件进行回顾，以获得更多的客观性。她还多半会自己找到解决方案。她后来每年给我寄圣诞卡，使我看到迄今她在自己选择的职业领域取得了成功。在她全神贯注、充满愉悦地投入到她感兴趣的活动中时，她那洋溢着热情的表达方式反映出她的积极心态占据了主导地位。

青少年面临新压力

儿童成长为青少年,再成长为成人,在这个过程中,后面的每一个成长时期都会对其提出新的要求。在我们的社会中,青少年时期经常被视为压力尤其巨大的阶段。如,青少年时期经常被看作"一个充满非凡变化、多重冲突以及社会对个体潜在要求的时期"〔费什曼(Fishman),1982,p.39〕。这个结论可能证实了吉妮的成长故事。

在吉妮的案例中,她在青少年时期面临新的更严苛的社会期望所带来的压力。其他的青少年可能还得尽力应付其他方面的压力:让他们感到矛盾或者抵触的性发育,试着吸毒或酗酒的诱惑,与态度固执的父母之间的冲突等。不过,如果吉妮具备随和与不那么执着的气质,她的儿童成长过程毫无疑问将更轻松顺畅,而且她在青少年时期应付社交和学业要求时只会遇到中度甚至轻度的压力。

关于"正常的青少年混乱"的迷思

传统上,无论是在通俗还是专业文章中,青少年时期都被视为一个充满显著的情绪波动与混乱的正常时期。这种波动与混乱源于身体的快速发育、性成熟的开端，以及随着个人开始自主，人们期待他们在家庭中担负更多责任。吉·斯坦利·霍尔（G. Stanley Hall）在其1904年出版的有关青春期的经典系列著作中，对于这个观点进行了生动的总结："青少年情绪不稳定且令人生厌。他们有一种自然的冲动，去经历热辣且时尚的精神状态。"（霍尔，1904，vol.11，p.74）。这一概念又得到了有影响力的精神分析学家的阐述，有的甚至做出断言：青春期不可避免地是一个情绪在稳定与不稳定之间摆动的时期，在这个时期要保持一种稳定的平衡这种做法本身就是不正常的［布洛斯（Blos），1979；埃斯勒（Eissler），1958；阿·弗洛伊德（A. Freud），1958；爱里克森（Erikson），1959］。精神分析学家对所谓"正常的青少年混乱"这个概念进行的合理化解释，在如下的这段话中得到了很好的总结："自我与超我的功能严重受到压制。本能冲动打破了潜伏期获得的自我平衡状态，于是内部的混乱产生了……未解决的前俄狄浦斯或者俄狄浦斯冲突再现，作为潜伏期特征的压制再也不足以恢复心理平衡状态［奥菲尔（Offer）与奥菲尔（Offer），1975，p.161］。

这些心理分析结论主要派生于有关数据，这些数据取自表现出这样或那样心理病症的青少年或成年患者。实际上，一些自发的研究人员所做的研究提供了有关这个成长阶段的不同图景。科尔曼（Coleman）（1978）对相关研究所做的调查发现，大规模的实验性研究已得出结论，"根据实验性调查结果，青春期全方位的动荡与压力症状看起来相对关系不大。"拉特（Rotter）（1979）对相关的研究所做的全面系统的回顾提出了类似的判断。"同样明显的是，青春期的常态并不是以动荡、压力与困扰为主要特征。"（拉特，1979，p.86）

这些对于青春期混乱迷思所做的值得尊重的判断得到了奥菲尔与奥菲尔一项详尽研究的证实（1975），也得到了我们纽约纵向研究发现的证实（切斯与托马斯，1984）。我们对研究对象的生活一直进行跟踪调查，从儿童一直到成年。在他们的青少年时期，我们根据情况将这个时期划分为四个组：(1)顺畅成长的青春期；(2)动荡但健康的青春期；(3)障碍的儿童期与得到控制的青春期；(4)出现拟合差度的青春期。青春期表现各异的原因也因研究对象不同而大不相同，但在大多数情况下，气质问题起到了中度影响或者显著影响。在上面详细介绍的吉妮的案例中，她的特征决定了她的青春期动荡不定但依然是健康的。

"代沟"

另一个流行的说法是父母与青春期孩子之间存在代沟，但拉特、两位奥菲尔和我们对此都不以为然。

在理论与治疗实践中，我们已经强调了对"正常的青春期混乱"与代沟无处不在等流行说法的批评。接受这些概念，再一次突出了将任何单一维度的线性理论模式应用于解释这种或那种生命阶段理论的谬误。

第 20 章

成人气质与心理治疗

斯图尔特夫妇是一对年轻的夫妻，他们因严重的婚姻问题来寻求我的咨询。他们总是围绕哪怕很小的分歧而爆发激烈争吵，这个问题在他们10年的婚姻期间变得越来越严重。他们很为两个孩子担心，其中一个8岁，另一位6岁。夫妇俩都全心全意地爱这两个可爱的孩子。他们都注意到，在过去几年中，每当他们发生争吵的时候，孩子们都烦躁不安，哭闹，并央求他们停止争论。夫妇俩不无理由地担心，他们的争吵已经伤害到了孩子。他们答应停止争吵，但就是做不到。不过他们也感到困惑。在一些重大事情上——政治、财务、育儿方法、道德标准等——他们的意见相当一致。他们的争吵并不是因为这些事情，而只是围绕一些简单的日常琐事。他们找过一位优秀的婚姻咨询专家进行咨询，但专家的建议虽然看起来很合理，但并没有实质性的帮助。

斯图尔特夫妇在大学里相识，很快就彼此迷恋，而且发现他们的兴趣与价值观都很吻合。不过即使在那时，他们也会因为小事而争吵，只是每次争吵都只持续几分钟，而且看起来也无关大局。毕业不久他们就结了婚。他们走上了不同的职业道路而且都取得了成功。他们开创了一个基本和谐的婚姻和一个充满希望的家庭，子女健康成长。但多年过去，他们的婚姻正在走向灾难，而且对孩子造成了严重的压力。

我敦促这对夫妇挖掘可能导致他们不愉快冲突的原因。是不是其中一位或者两人都对对方的职业有一种竞争或者嫉妒的感觉？是不是性生活不和谐？是不是其中一位或者两人的家人以挑衅或者破坏性的方式介入他们的婚姻生活？就他们所知，是不是其中一位或者两人都有婚外情？对所有这些问题，两人的回答都是否定的。

我采取了新的策略。我要求斯图尔特夫妇详细描述他们四天前最后一次吵架的情形。斯图尔特太太先讲起来。他们的车已经用了三年，她要以旧换新。她丈夫回答说，车子还保养得挺好，性能可靠，当然不需要换新车；过一两年再说吧。她生气地说，他明知她担心在开车途中出故障；如果是新车她会更安心。"我们有的是钱，别那么抠门。"丈夫闻言大声嚷道："你知道我从来都不抠门。你只不过为不合情理的担忧而焦虑。如果车子坏了，你总是可以打电话叫救援啊。"她尖叫道："我知道，什么东西让你担心了，你马上就更换，就像割草机一样。你对我完全不讲理。"他们完全沉浸在争吵中，在我面前演绎出了典型的吵架场面，对彼此的指责不断升级，几乎就要朝对方扔东西了。我设法让他们平静下来，让他们有一个喘息之机。我怀疑，问题的罪魁祸首是他们情绪的强度。我什么也没有说，只是安排与他们分开见面。

在与斯图尔特先生的会谈中，我问他能否记得，当他是孩子的时候，每当受挫的时候是不是都大发雷霆。他马上回答说："我确实如此，但我的妈妈或爸爸都只是静静等待，不会对我让步，最后我的脾气就没了。我知道我的父母会赢，而且毕竟对多数我真心想要的东西，他们都很讲理。所以我一直都很开心。"我提出了下一个问题："当你打棒球的时候，裁判做出了一个你认为不公正的判决，你会因此而激动吗？"他迅速答道："是的，我会大喊大叫，但我知道这样没有用，所以还是继续比赛。"我又问了最后的问题："如果你得到大力提拔，你会有多兴奋？"他说："毫无疑问,我会觉得自己处于世界之巅,并且会安排庆祝活动。很有意思。我的有些朋友在做出成就后,他们会感到高兴,但只是默默地行动。他们一定感到很幸福,但为什么他们不像我一样兴奋?这让我不理解。"我谢谢他,并告诉他说,我会再安排一次与他们夫妇俩的会面。他显然有些恼火,因为他本来希望马上得到答案。

在与斯图尔特太太的单独会谈中,我对她提出了几乎相同的问题,她的回答也几乎相同。至于小时候发脾气的事情,她承认当然也会。她父母的办法也是静待她心情平静。她的吵闹输了,但最终她还是很愉快地与父母相处。谈到青少年时期的社交情况,如果她的伙伴们决定出去玩而她不同意,她会坚决表示反对,但同伴们通常拒绝改变计划。"我变得十分恼火,但我必须很快控制自己,否则我就会没有朋友了。"至于受到表扬或者提拔,"我当然很兴奋,会带一瓶香槟回家与丈夫一道庆贺。他也会跟我同样兴奋,我们会过得很快乐,孩子们也是。但是我的朋友们如果有什么好事,他们倒没有那么兴奋。我知道他们会很高兴,但你根本看不出来,这让我不理解。"我谢谢她,并告诉她我会再安排一次与他们两人的会面。她大感意外,甚至差点哭起来。"我完全寄望你能给我提供建议,但你却什么也没说。"

不久夫妇俩都来进行咨询。他们明显都很紧张。我猜想，他们一方面希望我会给他们一个神奇的解决方案，但另一方面又担心我会做出他们的问题无可救药的判断。

我解释说，我会向他们提供建议，但这些建议只有在他们了解其基础之后才起作用。"我确实可以对你们的问题做出解释，但它并没有魔力。你们是否知道有个心理学概念叫气质？"他们摇头说只是"模模糊糊知道一点"，看起来很茫然。我然后详细地跟他们讨论了气质的性质，有关气质的研究发现，以及拟合优度的概念。然后我告诉他们，他们两人的情绪表达都具有很高的强度，不管是表达正面情绪还是负面情绪都是如此。这也就是为什么他们与彼此、孩子以及朋友相处时能如此尽兴。但遗憾的是，他们在表达负面情绪的时候也很强烈，因此他们面对一个很小的分歧都会变得愤怒与尖刻，而且他们的愤怒会随着彼此的强化而不断升级，导致最终爆发。这是一种行为风格，并不意味着他们之间不能互相融洽。

斯图尔特夫妇慢慢明白了我的解释。两人都脱口而出地问："可我们能做些什么呢？你是不是说我们无法改变我们的气质？"针对这个问题，我开始对他们进行全面的行为指引咨询。我对一些基本原则进行了总结。他们两人都具备非常多积极的个性；他们彼此相爱，而且都深爱孩子们。他们表达正面情绪的时候可能会变得很兴奋甚至夸张，但不会造成什么问题。但是他们的负面情绪反应可能毁掉家庭，危及孩子们的前途。他们都是成年人，正常且聪慧，而且都有强烈愿望要挽救他们的家庭。每个人都必须判断对方是否有不同想法而且已感到生气，两人都必须认识到这种生气是一个危险信号，并马上决心寻找积极的妥协或者其他解决方案。如果有必要，他们应该马上进入不同的房间，直到自己冷静为止。要牢记目标是：表达分歧但不是表达愤怒。目标是找到解决办法而不是战胜对方。如果有用，他们还应该将最后达成一致的时间推迟。我还建议他们与孩子坐下来，告诉孩子们他们已经找到了解决争吵的办法。这些问题不会一夜消失，但会逐渐变小。"你们不用再担心我们；我们彼此相爱，也都爱你们。"

在结束会谈之前，我再次与他们一起回顾了我的解释与建议，并且安排下一周再次与两人见面。

这对夫妇第二次来的时候看起来都不高兴。"怎么回事？"他们两人都大声喊道："我们讨论了你的建议，都觉得有道理。然后三天后我们又发生了分歧，然后进行了激烈的争吵，一点也没有改善。我们都失败了。有什么用呢！"我笑着说："你们已经吵了10年，难道指望在一周内完全改变吗？现在，请告诉我这次争吵是怎么回事。"两人都争着介绍说,他们面临一个小问题,两人发生分歧,开始生气,然后又出现了熟悉的场面。我想了一会儿,提出了一个简单的办法:"你们每人每次吵架都限定只能吼叫两次,不能再多。我相信这个数量比你们在工作中允许自己吼叫的次数都多。"他们都感到懊悔,不明白自己为何连这个简单的办法都想不出来。我解释说:"原因很简单,但也很深刻。一旦你们开始生气,就无法再思考问题了。记住这个规则,不要表达愤怒,而且运用你们的热情去寻找解决办法。在你们内心深处你们都知道保持积极的关系比任何具体的事情都重要。人们可以同意彼此不同意对方,但没有人必须要赢。"

斯图尔特夫妇下一次与我见面的时候显得很是欢欣鼓舞。"怎么回事?"他们都争着讲述了一个新的故事。两天前他们发生了分歧,准备互相攻击,然后突然就停了下来。"我们知道,我们不能再这样做,而是得找出办法。我们等了一会儿,然后开始讨论如何解决问题。只花了几分钟,我们就找到了一致同意的办法。我们高兴得大叫起来,彼此拥抱。"我对他们说:"祝贺你们。你们已经在两周内解决了一个困扰你们10年的问题,但事情没有这么简单。新的行为还没有成为习惯。"我们安排了以后的会面日程,其中的间隔越来越长,视需要而定。

一个月之后他们又按约来进行咨询，两人都喜气洋洋。"我们都得了 A。我们只吵过一次，是一些可笑的事情引起的。我们当时都很累，而且担心儿子生病。我们忘了规则，不过这是唯一一次。"我说："你们和我们所有人一样都不可能完美。但我肯定你们已经真的开始征服这个问题了。"他们补充说："你知道吗，'不要表达愤怒，着眼于解决方案'这个规则都在我们的工作中起了帮助。我们工作表现更好了，我们的同事也比以前更加友好。"他们告辞了，后来每年都寄圣诞贺卡给我说："我们很好，谢谢。"

　　我也见过其他一些严重的婚姻问题，这些问题也是不同气质导致的行为而引起的。有很多夫妇往往花上很多星期甚至很多个月才能成功解决问题。令人悲哀的是有一些失败了。他们病态的纠葛太深了，以至于唯一的解决办法就是离婚。

　　除了婚姻纠纷之外，如果一项严重的行为障碍的基本原因是气质—环境的不合拍与拟合差度，那么指引与咨询策略可以作为最主要的治疗方法。指引可能会立竿见影，也可能要求进行长时间的讨论，还可能失败。这些结论对于儿童、青少年以及成人都同样适用。

　　不过无论是对于儿童，还是对于青少年或者成人，必须记住一个忠告：并不是所有的行为障碍都是由于气质—

环境适应不良引起的。在有些情况下，精神分裂、自闭症、躁狂—抑郁症以及其他一些问题与气质之间不存在因果关系。在另外一些情况下比如脑损伤，气质的影响可能会是第二位的解决因素包括障碍的处理方式。在后面这种情况下，可能有必要进行气质指引，哪怕其效果有限。在任何具体的案例中，都必须由临床医生做出判断，以确定是否需要提供气质指引以及在多大程度上提供这类指引。

气质在成人心理治疗中的运用前景

正如前面章节中所详细介绍的，这些年来，心理健康专业人士已经极大地扩展了对于气质在儿童研究与治疗实践中重要性的认识。相反的是，很少有人注重气质理论与实践在成人心理治疗中的作用。不过，就像上面提到的斯图尔特夫妇案例所说明的，个体执业者运用气质指引诊断或基于气质提出治疗建议是一个重要问题。

实际上，要确定儿童的气质特征、含义及其评级比成人容易得多。对于尚未成熟的生命，儿童的气质特征与其行为模式各个方面——如动机、社会认识和自尊——的互动相对比较简单。而成人的各项特征如动机、社会认知等在其成长的几十年中已经变得更加复杂，这些行为模式还受到大脑发育和语言与学习能力的扩展等影响。从婴儿时期到成人阶段的丰富人生经历也使行为模式变得更加复杂。不过，通过获得其在很多不同处境下的行为模式数据，也不难决定某个成年人是害羞还是合群，是温和还是紧张，是坚持不懈还是容易放弃，是酷爱活动还是沉静安详，以及另外一些可能导致问题出现的气质特征。

气质理论的运用存在一个关键障碍。大多数合格的心理治疗师在培训与实际操作中都是根据心理分析—心理动力的概念和方法。不管在什么领域，一位专业人士如果接受某种具体的概念系统的教育，已经接受其逻辑，而且已经将其心理治疗、教学或者研究的职业生涯建立在这个理论结构之上，那么他肯定很难欣然接受其他替代方法。要接受一种新的概念系统实际上是非常高的要求，因为它需要专业人士做出思维与行动上的巨大改变。这个新的系统基于对气质—环境适应不良、拟合差度与指引，而且运用相对容易理解的概念与实践方法进行客观科学的数据记录，可能会显著减少许多案例解决所需的时间、金钱和患者的痛苦，提供预防与早期干预项目。不过，要抛弃既定的安全的概念性专业理论与实践从业轨迹可能会非常痛苦。

在过去25年中，我（切斯）应邀在国内外医疗中心和组织举办的专题研讨会上就气质问题开展讲座与讨论。毫无例外，这些讲座与讨论都取得了积极效果。听众饶有兴致地倾听，然后在讲座结束时提出许多问题，这些问题表明他们已经抓住了我所讲的重要主题。不过，很少有听众会找我或者写信给我说："你讲的气质问题很有意义、有趣而且重要。你能否提出一些建议，告诉我该怎样接受气质问题的培训，使我能够改变我的研究方向与实践方法？"

在第 18 章开头提到的乔安博士的例子就很能说明问题。乔安曾是我在贝列佛医院的儿童精神病学联络诊室一位积极负责的全职员工。她曾在我们经常举行的案例讨论会上做出了很大贡献。在这些会议上，一位员工会介绍一个问题，然后列举导致患者行为障碍的各种可能的原因：家族史、社会压力、智力水平、学校与社会经历、成长史、动机与目标、病史和气质。患者会首先接受访谈，然后员工会讨论他们的重要发现、孩子症状的原因演变，做出诊断，最后决定合适的治疗方案。

这些病例讨论无一例外地会包含孩子气质的评估内容。如果气质因素很重要，那么治疗方案将主要根据拟合差度分析与父母指引技术来确定。

这类病例讨论会乔安参加了 5 年，而且总是十分主动地参与案例原因与诊断的讨论。然后，尽管她在诊室的这些经历，她仍然在自己执业后将近一年的时间里忽略了将棘手气质的诊断作为治疗中的主要问题。她最终找到了正确的诊断方法，而且能够熟练地改用气质治疗方法，只用了几个星期就取得了成功。

她未能及时做出正确诊断的原因看起来令人不解，但我可以试着猜想一下。乔安在贝列佛接受普通精神病学与儿童精神病学专业培训时，她的课程里包括许多不属于联络诊室的具体病例的心理治疗管理。她对待儿童家人、青少年与成人患者时运用的心理治疗方法由贝列佛/纽约大学有经验的教职工进行监督指导。她的上司与其他培训中心的教员一样，大多数都信奉这样的心理动力—心理分析理论：对有心理因素的行为障碍进行诊断与治疗都基于一种因果关系，即问题是由儿童早期家庭养育不当引起的。乔安博士受到了这一理论的影响，而且她虽然学习了另外一个重要但并不是唯一的气质—环境不协调与拟合差度法则，但她在儿童精神病学联络诊室之外的工作中并没有完全吸收这个法则。在她自己的门诊业务中，我只能推测她基本上是依赖于她曾经在正式监督下学习过的具体的心理动力诊断与治疗原则。当她面临一个用其分析治疗方法无法奏效的病例时，她得出的结论是，她的心理动力分析方法是失败的，至少在那个病例中是如此。只有到那时，她才没有成见地考虑她曾经学过的替代治疗方法；她转而采用这个方法，并取得了巨大的成功。遗憾的是，许多治疗师顽固地坚持他们的心理动力概念，如果他们在一些病例中没有成功，他们就会用合理化的方法来解释他们的失败，通常会说，治疗失败可能是由于患儿的母亲过去有过创伤经历，她们出于无意识的原因干扰了治疗——一个典型的心理分析解释。

对前景的乐观展望

最近与现在许多不同的事例引起我们的注意，也使我们对于今后有了乐观的憧憬。越来越多的优秀治疗师在他们的治疗中运用气质理论。父母教育的扩展（见第12章）与克塞尔永久气质项目的成功使治疗师们意识到了将气质理论运用于诊断与治疗的重要性。

这些进展并非神速，而是缓缓推进的。但明显的趋势是，将气质理论用于门诊实践的价值终会得到广泛的承认。

第21章

气质与残疾儿童

10岁的芭芭拉生来就患有听力残障。在她还是胎儿期间，她的母亲得过一次中度的风疹。不幸的是，病毒传染给了胎儿，使她正在发育的器官产生了严重的缺陷。

芭芭拉出生时，她一只耳朵听力严重受损，另一只中度受损。她的智力高于平均水平，而且外貌可爱。而在气质方面，她一直是一个棘手儿童，对新环境总是反应消极，而且情绪激烈，适应环境能力差。受听力问题与棘手气质双重影响，她在家里、幼儿园与学校早期多次为小事大吵大闹与大发脾气。而一旦适应了环境，她就变成了一个愉快、愿意合作的孩子。幸运的是，她的父母与老师都理解她的挫折感与偶尔的大发雷霆，耐心地等待她平静下来。

由于听力残疾的严重性，芭芭拉从一年级起就进了一所聋人学校。她的高智商与老师的体贴和支持使她成功地适应了环境，熟练地掌握了学习内容。通过一个完整的交流课程，她学会了口形辨识与美国手语。

到了五年级，她的老师让她的母亲决定，是否将芭芭拉转到主流的正常学校与班级。语音指令对芭芭拉的口语技能是一个严酷的考验，但那所学校有一个专门教听力障碍孩子的老师。她的母亲觉得很难决定。上主流学校为孩子提供了接受更好教育的机会，使她能接触正常儿童的世界，为她将来的教育提供了更多的选择余地。聪明的芭芭拉能够应付正常学校更严格的学业要求，但她的棘手气质会不会阻碍她在面临新变化——新教学楼、新同学、新老师与新课程——时完全适应？此外，她的母亲调查后还发现，如果上新学校，她上下学需要乘坐一辆特殊的校车。校车司机脾气急躁，而且为了专心开车，他制定了严格的乘车纪律。

左右为难之下，芭芭拉的母亲来向我（切斯）咨询。此前在芭芭拉上学前班的时候，我曾经给她的父母做过一次咨询。临床评估结果显示，芭芭拉的问题是她相当严重的棘手气质、她与父母对她恰当的要求与期望之间的拟合差度造成的。我把这些问题给他们做了解释，而且一直给他们提供指导。只需要进行几次当面咨询，芭芭拉的父母就理解了她的气质特点，也改变了他们的态度与方法，以实现拟合优度。在此后的成长中，芭芭拉只出现了上面说到过的一些小问题。但现在转到一所普通学校，她的棘手气质会不会阻碍她一下子适应这么多的新变化？

芭芭拉的母亲非常深刻地列出了上主流学校的利弊。经过深思熟虑，我强烈地感到，芭芭拉的棘手气质会使她无法成功地适应转到陌生的普通学校的各种变化。新学校或者校车司机带来的压力与挫折毫无疑问将引发她的脾气，她很可能无法在主流学校获得学业与社交上的好处，结果反倒可能是一场灾难。我向她母亲建议，让芭芭拉熟悉与适应她所在的聋人学校。听了我的判断，她的母亲大感轻松；她与丈夫也都接受了我的建议。芭芭拉参与了我们的咨询，她自己也表示愿意继续留在现在的学校。在以后的学年包括高中阶段，芭芭拉都非常成功。转入高中非常轻松，因为她的同学也都一起升学，而且高中部与小学部在同一间大楼里面。

如果芭芭拉的气质属于随和、有耐力而不是棘手型，能够积极适应新环境，整个故事可能就会完全不同。那样的话，选择上主流学校将成为可能。

一位聋人的戏剧性故事

　　与芭芭拉不同，凯特的经历是一位聋人妇女非常生动的人生成功故事。这一成功是各种因素相互结合的结果：智商、气质特征、强烈的动机以及许多人的支持。她的成功非常突出，尽管有以上这些支持因素，但她的成功仍然来之不易，而且是相当的艰难。

　　凯特生下来完全正常，智力超群，父母也对她非常关爱。但9岁的时候，她的听力突然下降，原因完全不明，而且也无药可救。虽然她的听力一年一年恶化，但她一直到高中都保持着良好的学业成绩。她自学口形辨识，决心隐瞒自己的听力障碍，而且也不想转到聋人学校。她解释说："我通常坐在教室前排，因为我个子小，而且我的姓氏字母也在前面。这真是幸事！"此外，她随和与坚毅的气质也使她能够实现自己的目标。她考上了一所好大学，决心学医，而且在各门功课中成绩突出。她的班级很小，所以她能够坐在前面。但有一门美国艺术史的课使她深受挫折。该课教授每周三个小时的课都是关了灯放幻灯。由于在暗中无法辨识口形，她便无法听懂教授所讲的内容，她不得不放弃了这门课与其他一些类似的课程。

　　她被医学院录取，但刚开始的时候她无法坐在前排。

她的一位同学发现她很难占到前面的座位，也发现了她轻微的语言障碍，于是问她怎么回事。凯特告诉了这个从未向别人透露的秘密。这位同学答应每天帮她在前排占座，并且记笔记。"我与他挨着坐了两年，如果我漏掉了教授讲的内容，就看他的笔记。他真的救了我。"

凯特在学校的实验与临床作业通常都是与患者面对面交流，她的口形辨识能力帮助她成功地解决了问题。但她无法进手术室，因为所有的学生、住院大夫与手术大夫都戴着口罩，她无法进行口形辨识。她向住院外科大夫反映了自己的问题，这位医生对她深表同情，并帮她完成了全部的手术程序。

凯特毕业时获得了医学硕士学位，然后她进了一家好医院进行综合实习。医院的人很快发现了她的听力障碍。负责大夫试图劝说她转到病理科实习，但被她拒绝，因为她希望与患者打交道。她被强行休假几个月，直到负责大夫相信她能够胜任高难度的工作，而且在实习中不会因为她的听力障碍使患者受到损害。我相信一些聪明的主管大夫可能会强迫凯特退出医疗部门，因为他们无法理解一个聋人医生如何能够照顾患者。不过这位主管大夫很尊重凯特的努力与决心。

凯特圆满完成了她的服务与教学任务，一年后完成了实习。她发现，自己凭借口形辨识与残余的听力，能够有效地与患者面对面打交道，但无法接触那些不宜用口形辨识来工作的领域。她被一所有名的精神病学培训医院接收。她的同事注意到她的听力残疾，对她身残志坚取得成功表示敬佩，认为听力障碍不是问题。凯特在当住院医生的三年期间没有出现一起事故，但她一直感到压力重重。不可避免地，总是会有这样那样的事情发生，在其中她的残疾阻碍她充分发挥自己的才能，虽然她总是以适当的方式进行处理。当住院医生期满后，她在一家极好的诊所得到了全职工作，在工作中为患者提供了高水平的服务。

凯特的这个详细人生故事说明了，残障人士——无论是听力残疾还是其他缺陷——在个人成长、学术成长与职业发展方面面临许多压力、问题与挫折。凯特能够克服这些无休无止的挑战与困难，是因为她具有天赋，而且得到了家庭与同事的支持。在这些有利条件之外，她随和、乐观的气质，承受挫折的能力与坚忍不拔的毅力至关重要。如果她像芭芭拉一样具有棘手气质，她不可能胜任学术与专业性的职业，也不可能适应多样的社交生活。

我在研究一个特殊的先天性风疹患者样本时，发现气质对于残疾儿童的重要性变得非常清晰。1964年纽约一场流行性风疹引起大批孕妇感染。这种显然无害的疾病没有给孕妇本人留下任何后遗症。不幸的是，病毒从母亲的血液通过胎盘传染到了胎儿，就像芭芭拉一样。由于胚胎提供的营养，病毒快速繁殖，破坏了胎儿器官的发育。因此，母体感染风疹的时间决定了胎儿的哪个器官会受到损害。这些胎儿出生后出现了各种各样的残疾——听力、视觉、心脏、大脑以及智力等问题。这些缺陷轻重不同，有的是一个器官受损，有的是多个器官受损。纽约大学医学院的儿科部开展了一个跨学科的"风疹残疾评估项目"，旨在检测这种疾病的临床表现，并寻找合适的控制方法。为配合这个项目的进行，本书两位作者之一（切斯）与同事一起，在联邦儿童局支持下开展了一项行为研究，以确定先天性风疹造成的心理与精神方面的后遗症。这个项目全面研究了243个病例，得到了一些非常重要的发现［切斯，科恩（Korn）与费尔南德兹（Fernandez），1971］。对这些患有先天性风疹的儿童所出现的多种残疾做出全面的介绍不在本书范围之内。如上所述，气质对于残疾儿童的重要性将在下面进行总结。

气质与残疾儿童关系概要

气质随和的残疾儿童最有可能获得积极体验，并因此而获得正面的态度。孩子的表现让大人感到放松：在相信孩子欢迎他们的陪伴时，与聋人儿童打交道的成人会更轻松、更有耐心地为他们重复话语与手势，让他们重复说出、写下或者用手势表示他们没有听懂的内容。在知道孩子无论是接受还是拒绝他们的帮助，都会用令人愉悦的方式来表达时，大人就更有可能用直截了当的方式为视觉残疾的儿童指路，或者为行为不便的孩子提供帮助。因此，气质随和的孩子不是那么脆弱，不会轻易感到受伤害或者沮丧——当然，其程度也受到残疾的表现、种类与数量的影响。这类儿童不太可能受到其他孩子的奚落与嘲笑，而且更可能获得别人的耐心与欢迎，更有可能在群体活动中被接纳。

气质棘手的残疾儿童最有可能激起别人的反感。这类孩子消极情绪多于积极情绪，而且非常强烈地显露他们的感觉——经常是负面的感觉。新的环境、新的人与新的日程会引发他们的抵触与抗议，他们需要长时间才能适应。睡眠、饮食与排泄不规律，进一步打乱了他们日常活动的节奏。面临压力的时候，他们非常容易出现疾风暴雨式的反应。

慢热型的残疾儿童也在一定程度上容易受到心理压力的影响。这类孩子极端害羞。对每一项新的任务、每一个新的地方、每一位新人和每一个新的事情,他们的第一反应是抵触。他们适应速度慢,而且在慢热的过程中,他们发现其他孩子已经抱团,将他们排斥在外。老师也有可能将他们最初的观望理解成他们的性格很无趣。这类孩子的气质特点之一是消极情绪占主导,强度为中度或者轻微。因此他们看起来面无表情或者闷闷不乐,当被他人忽视的时候,他们会进一步相信他们不为人所需。他们可能会将别人的排斥归因于自己的残疾,而事实上有可能是因为他们自己的行为造成的。

其他的气质特征也可能对残疾儿童的心理造成积极或消极的影响。极度活跃的孩子可能对他们自己或者别人带来危险,因此会受到许多限制与禁止,而他们又拒不服从。不活跃的孩子可能会被看成缺乏活力、智力迟缓,而事实上并非如此。另一方面,极度活跃的孩子可能会认为是好的运动员或者当差跑腿的人,从而对他们的自我形象产生积极的影响。安静的孩子"听话"可能会带来表扬,从而加强他们受人欢迎的感觉。做事情时持之以恒值得称道,而其带来的成果本身就是一种奖赏。另一方面,如果孩子做危险、破坏性或者不符合日程的事情,这种"持之以恒"会带来指责,而耐力弱的孩子容易在老师的劝说下放弃。不管是上面的哪种情况,成人对待孩子气质表现的态度将会给孩子心理带来积极或者消极的影响。

残疾儿童在许多的日常社交规范方面缺乏经验是一个严重的问题，这会造成经验匮乏。为了了解行为规范，不管是孩子自身文化领域的规范还是自己所属小团体的规范，直接的经验是不可缺少的。残疾儿童常常行为受限，这进一步限制了他们学习规范的机会。残疾儿童尤其是听障儿童经常会被看成是情绪不成熟或者依赖性强。

同伴对残疾儿童至关重要。每个孩子都需要感到被接纳，感到自己是一个团体的一分子；如果感受不到，他们的自尊不可避免地会受到打击。对残疾儿童来说，在儿童早期与同伴交往是最容易的。交流有障碍的孩子在学步阶段不会受到排斥，因为那个时期在玩耍中的交流主要依靠手势与动作而不是语言。这个成长阶段的语言主要表现是自言自语，不需要得到同伴的回应。而到了儿童中期，同伴的接纳就开始变得更加困难。如果进了一所特殊学校，那么学校通常离家有一段相当远的距离，因此他们将没有机会与邻居的孩子一起玩耍。上了特殊学校之后，这些孩子就已经成了局外人。

进入青春期后，这些孩子参与同伴活动和融入团体就面临着更大的困难。而这个阶段正是他们最需要团体感的时候。在我们的研究报告中，许多十四五岁的孩子反映，当邻居同伴叫他们"残疾"或者由于他们口头交流障碍而拒绝接纳他们的时候，他们是如何深受伤害。在青春期，受排斥的感觉变得更加强烈。受到他人排斥，加之他们自己越来越清楚地意识到与他人的不同，往往会诱发危机，孩子会因为残疾而怪罪父母或者自己。对孩子缺乏朋友，父母也深感沮丧。他们记得自己在这个阶段时，朋友是多么重要。一些在年幼时经常出门与邻居孩子玩耍的残疾儿童到了青春期会拒绝出门，父母也反映说，一些在孩子小时候经常登门来玩的邻家孩子现在也不再来了。还有一些父母告诉我们，他们的孩子注意到了，某个团队只有在没有其他人加入的时候，才会接纳他们。通常，残疾儿童唯一的朋友是一位同样被其他人排斥的孩子，这个孩子可能是一位无力回击他人的排斥、经常挨打的男孩，或者是一位不受欢迎的女孩。

一个常见的现象是，残疾儿童进入青春期后会从事许多单独的活动：自己投篮、游泳或者阅读。他们也经常抱怨无聊与寂寞。残疾儿童需要参与有计划的活动；父母不能指望偶然的机会让孩子交朋友。孩子需要参与课外活动，主要是为了提高他们的社交而非学习能力。参与这些活动对孩子交朋友以及学习让人接受的行为习惯非常重要。

有些残疾儿童的父母资源丰富，能够找到孩子在社区里可以参与的活动。但哪怕是在找到这些活动之后,父母也经常发现,他们的孩子很难被接纳参加游泳课或者制陶课,虽然在这些活动中语言交流、视觉与动作技能都并非至关重要的因素。大多数父母则不知道在他们的社区内有哪些资源可资利用,也不知道他们的孩子在全力参与方面有哪些法律权利。由于没有一家中心机构来指引他们获得合适的娱乐与教育设施,这些父母常常只能听老师提出建议。

我们发现,残疾儿童的父母社会等级越高,他们的孩子参与活动和与其他孩子交往的机会越多。父母所处的社区决定了孩子可以接触什么样的课外活动资源。如果没有现成的设施,或者不容易找到,残疾儿童则很可能在课后大部分时间里无所事事。

父母的作用非常重要:当孩子被外部世界拒绝的时候,如果他们能回到一个充满爱心的温暖家庭,他们所受的打击不会那么严重。在父母对他们感情的支持下,他们有可能会在将来感到足够强大去面对外部世界。

在家庭内部,残疾儿童的兄弟姊妹可以成为重要的盟友;他们的朋友通常是残疾儿童认识的第一批朋友。兄弟姊妹愿意接纳有残疾的孩子加入他们的团体非常重要。兄弟姊妹经常帮助残疾孩子完成家庭作业,而且在交流方面可能帮助极大。我们发现,当聋人孩子没有多少口语表达能力的时候,多数时候他们的兄弟姊妹会学习手语,而且往往比父母学得早,学得好。在他们的残疾兄弟姊妹与亲戚朋友交流时,他们常常会充当翻译。

我们都听说过所谓聋人、盲人或者脑瘫亚文化的说法。随着残疾儿童的成长,他们越来越注意到自己与社会其他人的不同,他们就会有一种越来越强的倾向与那些有同样问题的孩子在一起。这个倾向常常是对偏见或者对非残疾儿童面对残疾儿童时所感受的不舒适而做出的反应。因此,在社交上让残疾儿童进入主流团体比在教育上让他们进入主流学校更为困难(切斯等,1971)。

总 结

对残疾孩子在不同的成长阶段的适应水平而言,气质只是许多具有特殊重要性的作用因素之一(芭芭拉与凯特的例子)。具体气质特征的影响有可能对于某些残疾孩子在某些阶段非常重要,对他们具有支持的作用,而在其他的孩子或者其他的情况下则作用相对较小。临床医生不能先入为主,他们的任务是对成长过程中所有可能因素的相对作用进行评估。

在评估完成后，接下来临床医生就可能对父母或老师提供指引，指出对孩子的要求需要进行哪些修正，以获得可能会有利于残疾孩子成长的拟合优度（切斯与费尔南德兹，1981）。

第 22 章

气质的生理学研究

在纽约纵向研究中开始对气质进行探究后,我们很快就相信,我们不可能找到证据表明孩子的气质特征与父母的养育方式与态度有关。这些气质特征只能由我们与许多具有一定生理学知识的气质理论学生推断出来。在 20 世纪 70 年代以前,这个判断无法得到研究数据的证实,所以对于形成气质的生理因素的特性只能依靠推测。不过现在,越来越多的气质研究人员进行了更复杂的实验,已经涌现出了很多重要的发现。

一个传统策略是对同性、同卵或异卵双胞胎进行对比研究。在上个世纪 70 年代进行的两项婴儿研究——一项是在美国进行的[巴斯(Buss)与普洛明(Plomin),1975],

一项是在挪威进行的［托尔根森（Torgersen）与克里格伦（Kringlen），1978］——提供了证据，表明基因是气质形成的部分基础。

然后在1984年，杰罗姆·卡甘与他在哈佛的同事发表了一项重要研究报告。他们发现，与行为不受抑制的一组人相比，在行为受抑的一组人中，心率及其参数与导致行为抑制的一批气质特征之间存在相关性［卡甘，瑞斯尼克（Resnick），克拉克（Clarke），斯尼得曼（Snidman）与加西亚-科尔（Garcia-Coll），1984］。卡甘和同事们将这个气质模式定义为"不确定到不熟悉"（p.2211）。这个定义与我们在纵向研究中对于慢热型气质的分类非常类似（托马斯等，1968）。

卡甘及其同事确定了将43名4岁儿童作为研究对象，其中21名划分为不受抑制组，22名划分为受抑制组。这43名儿童分配在两个实验中，都要完成一些简单的任务，然后研究人员对他们进行观察、测试与评级。与此同时，每个孩子身上都佩戴两个电极，以纪录他们的心率。他们的评级都要进行量化分析，明显的行为抑制与未受抑制的迹象具有高度的统计显著性。对这两组儿童心率与稳定性的比较计算表明，行为受抑的孩子与行为不受抑的孩子相比，心率更快，而且更稳定。

之所以在此详细介绍卡甘与其同事的研究报告，是因为这是第一个客观而且复杂的研究，提供了气质与生理相关性的具体证据。

卡甘与其同事还在这些孩子随后的年龄阶段进行了大量跟踪研究，对其他的生理参数与行为抑制之间的相关性进行比较。总结起来是，在5岁半的时候，他们发现行为抑制与心率及其参数、认知压力时瞳孔扩大、去甲肾上腺活动、皮质醇水平、认知压力时口头表达的音高周期变化等具有相关性。卡甘（1994）强调，这些相关性不是一成不变的，环境因素无疑具有非常重要的影响。

卡甘在最近几年对他们的研究发现进行了简单回顾，结论是："我们相信但仍然无法证明，大量的信息及其在纹状体、蓝纹、下丘脑中央灰质层与交感神经系统之间的循环，参与影响了我们描述过的反应与放松特征的形成。"（卡甘，1994）

进一步研究

在卡甘与其同事于1984年发表第一份报告之后的数年里，越来越多的研究人员对神经化学与神经心理因素与各种气质特征的相关性进行了研究。强调一下，"最近，突然爆发了对于行为的生理学基础的兴趣,气质概念正在根植于复杂生理过程的概念中。"[巴特斯(Bates),瓦奇斯(Wachs)与艾默德(Emde),1994,p.276]

这一"爆发"在第一次以生理学为焦点的气质会议中得到记录。这次会议于1992年10月在印第安纳州布洛明顿举行。这次会议纪录由巴特斯与瓦奇斯编辑整理(1994),从其中几章中随便摘录一些内容就可以描述这些报告的特点:情绪与气质的大脑基础;婴儿气质的神经基础;幼童气质与压力的心理激素研究。

这些有关气质的生理学研究是一个令人印象深刻的开端。这些研究发现的影响很明显。对生理学基础与环境因素影响之间的辩论现在可以做出结论。气质无疑具有生理基础。此外,这方面的研究强调,气质并非单一维度。环境因素总是会影响生理问题,所以生理与环境的交互作用塑造了从婴儿早期一直到成年的气质行为。

第 23 章

气质与文化

在上个世纪 70 年代早期,一位年轻的医科学生、荷兰裔美国人马丁·德弗里斯(Martin deVries)开始对文化对身体健康的影响产生兴趣。他获得了一笔奖学金,在经过学校批准延缓上学后,他对东非几个部落进行了系列的文化研究(德弗里斯与德弗里斯,1977)。

在他的研究项目中,德弗里斯对我们著作中提到的气质重要性印象深刻。他搜集的数据与研究发现中包含了有关肯尼亚马萨伊部落儿童的气质数据。这是一个撒哈拉南部的半游牧原始部落。他使用经过翻译的标准调查问卷,获得了 47 名 2~4 个月婴儿的气质评级数据。那时候一场严重的干旱刚刚袭来。

德弗里斯使用我们纵向研究的气质划分标准,确定了

10名气质最随和的婴儿与10名最棘手的婴儿。5个月后他重新访问这个部落,那时干旱已经导致97%的牲口死亡。尽管干旱严重,他还是找到了7名随和气质的儿童与6名棘手气质的儿童。其他婴儿的家庭为了逃避干旱已经搬走,下落不明。在7名随和气质的婴儿中,5名已经死亡;而全部6名棘手气质的儿童都活了下来(德弗里斯,1984)。

我们如何解释马萨伊部落这些婴儿不同寻常的现象?在工业化社会里往往是大多数随和气质的婴儿茁壮成长,少有例外,而棘手气质的婴儿成长问题重重。

对这些部落婴儿结局有两种可能相关的解释。第一,棘手气质的婴儿哭闹时间长而且声音大;随和气质的婴儿则是小声哼哼。在他们的父母看来,棘手婴儿的猛烈哭闹可能表明他们身体强壮,最有可能幸存,因此他们在将稀缺的食物给孩子时会偏向这些婴儿。第二,这些棘手婴儿惹人烦的哭闹可能显示他们长大后会成为强壮的武士,而这是部落很珍视的,因此在分配食物时会偏向他们。不幸的是,那些饿了只是低声嘤嘤哭泣的婴儿有可能被认为在压力之下容易死亡,而且也不具备未来成为武士的特质。

马萨伊部落面临的生死境地戏剧性地表现了气质与文化之间的联系。一个半游牧部落的文化决定了某种气质的婴儿的生存。与此同时,婴儿的气质表现也决定了他们父母在决定给哪个婴儿喂食时所做的文化判断。

德弗里斯还考察了三个东非部落文化与气质的相关性。他在研究中对178名成长环境迥然不同的婴儿进行考察，以确定他们的成长环境是否对他们的气质特征产生了影响。他的数据强烈表明，养育孩子的文化、现代化程度、孕育指导、生态条件以及生命早期的特殊事件都对气质的形成具有影响［德弗里斯与撒梅洛夫（Sameroff），1984］。

其他的文化研究

文化与气质之间的关系吸引了大批社会心理学家与精神病学家的兴趣。

夏威夷大学精神病学系主任约翰·麦克德尔默特博士（Dr. John McDermott）与同事对不同文化家庭对于青少年的影响做了研究（1983）。他们对一个社区进行了横向分析，该社区里有几种主要的少数族裔——高加索人、华人、日本人与夏威夷土著。他们发表的研究成果很丰富（麦克德尔默特等，1983），但此处只介绍有关气质影响的内容。麦克德尔默特与同事在研究中总结了文化与气质的关系："根据研究与我们自己的经验，我们提出如下假设：1.文化与气质的关系可能构成一个动态融合，随着时间（成长阶段）发生变化，这种变化非线性但并不随机；2.'拟合优度'随成长阶段变化而变化，而且可能自身存在关键时期。要整合这些复杂的、时刻互动的系统需要有一种新的思考方法。"［杰哈德（Gerhard），麦克德尔默特与安德瑞德（Andrade），1994年，p.155］。麦克德尔默特提出的假设值得称道，而且的确对我们提出了挑战。

莎拉·哈克尼斯博士与查理斯·苏培尔博士夫妇（Drs. Sara Harkness and Charles Super）都是宾夕法尼亚州立大学人类发展系教授，他们一起做了大量人类学与社会心理学的研究。他们一项特殊的研究是对肯尼亚与美国进行比较，看看在这两个国家里，哪些气质特征对于多数家庭来说最为挠头，以及家庭是如何应付不同气质的孩子的。研究人员详细记录了两种截然不同文化的差异，以及这些差异与具体的气质之间的相互影响，发现了孩子表现之间令人震惊的差别（苏培尔与哈克尼斯，1994）。他们的结论是："如果没有一种气质理论，那么心理人类学将很难跨越现在已经遗弃的理念，即所谓文化塑造原型人格的理念。"（苏培尔与哈克尼斯，1994，pp.119–120）

我们自己对纽约纵向研究与波多黎各工人阶层纵向研究的结论进行了对比分析，发现了这两种文化之间的一些差异。这两项研究样本的孩子行为数据搜集方法、气质划分与评级方法都完全相同。为了避免文化偏见，访谈都是由波多黎各背景的女员工进行的，而气质评级者是同一批人。

对这两个研究样本的对比发现，只在节奏性与情绪强度方面，这两种文化存在明显差异。其他7个气质类型的对比研究没有发现明显差异（托马斯与切斯，1977，p.147）。

不过，气质—文化相互影响过程中产生的一个特殊现象显示两者之间的差别令人震惊。在纽约纵向研究中，42个临床案例中只有1名中产阶层的孩子表现出过度的、无法控制的好动。而15个波多黎各临床案例中有8名孩子表现出这个特征。我们的判断是，后者表现出来的一些（如果不能说绝大多数的话）"多动"是由于他们环境的影响。这些孩子都住在狭小的公寓里，且他们父母可能因为担心在街上玩会出事而把他们关在家里。对那些具备好动气质的孩子来说，这样做给他们带来了过度的严重压力。相反，在纽约纵向研究样本中具有同样气质的孩子通常都住在宽敞的公寓或者郊区别墅里，他们在家里和社区都有足够安全的玩耍空间。

总 结

在对世界不同群体的大量文化比较研究中，许多因素的重要性已经得到了证明。本章引用的研究报告已证明，有关某种文化个体气质特征的信息，对于跨文化研究项目来说是一个额外的有用工具。现已成为荷兰林伯格大学社会精神病学教授的德弗里斯（1994）在下面的评论中对麦克德尔默特的假设做了进一步发挥：

"个体差异的影响有大有小，这取决于多种环境因素，而且即使对同一个人来说，这些影响也会随时间推移而变化。成长早期任何时点表现出来的能力或者风险，无论是正常成长还是外来干预的结果，与孩子未来的能力与表现不存在线性关系。这些案例清楚表明，要做出完整的预测，还需要考虑身体、社会、文化与家庭环境等影响因素。不过，环境因素只有当它们与个体的本质特征如婴儿气质等发生关系时才有意义。要全面看待孕育活动、文化计划与环境影响，就要考虑气质因素。如果不着重关注婴儿个体气质特征的变化，或者从更大的医学参考框架来看待整个人，那么就不可能理解环境与成长之间的相互作用。"（德弗里斯，1994，p.138）

第 24 章

气质的连续性和可变性

在我们刚开始观察气质现象的时候，无论是通过临床观察还是凭印象，我们被很多显示个体气质保持持续性的显著证据所震撼。我们认识的一些人的气质从幼儿一直延续到成人保持不变。一个极具诱惑力的做法是对这些证据进行归纳，得出一个总体结论，即成人的气质特征可以通过对他们小时候的行为风格的了解来进行预测。但是这种做法与我们所坚决信奉的互动观点大相径庭。我们信奉的观点是，个人的行为发展是一个有机体与环境互动持续演变的过程。

所有其他的心理现象，如智力能力、应对机制、适应模式与价值系统，都能随着时间改变，而且确实在改变，气质怎么可能自出其外呢？

在我们开始对纽约纵向研究的对象从婴儿一直到成人早期的生活进行跟踪后，我们产生了疑问。我们相信，有许多对象的气质在他们生命的不同时期发生了改变。

在第15章中我们描述了卡尔的例子，就非常富有戏剧性。卡尔在婴儿时期、学前期和学龄早期属于明显棘手的气质。但他在儿童中期与青春期表现出随和的气质，然后在大学第一年回到棘手的气质，在大学后来几年与就业以后在个人生活与职业中又再次变为相对随和的气质。

对气质连续性的研究

寻找一段时间内气质或者任何成长变量的连续性之所以对研究人员与理论学者很有吸引力，是因为存在一个特殊的原因。连续性使人们能够预测行为发展的轨迹，并发现应该在什么地方或者怎样进行干预以防止将来出现行为问题。成长理论可能有多种形式：遗传与本质不变理论，弗洛伊德理论，艾里克森法则，行为主义理论以及诸如贫穷文化之类的社会学理论。但是大多数理论都一致断言，人们后来的行为都直接派生于儿童时期的行为规律，而且可以预测。

包括我们在内的研究人员已经对一段时期内气质的连续性进行了大量量化研究。麦克德维特（1986）对这些研究进行回顾后总结说，这些研究"都无法让人们对气质的连续性得出肯定性的结论"。对那些定性研究，他评论道："从这些观察中似乎可以得出一个泛泛的结论，那就是分析越不具体……越宽泛或者越笼统，那么气质的连续性就更加持久，而且更加容易发现。"（pp.35-36）

除了这些有限的量化研究成果，另外一些重要的研究人员指出了大量实质性的研究方法问题，这些问题影响了有关气质连续性的研究论据。拉特（1970）的扼要评论可以总结如下：影响行为评级的关键因素有：还没有到来的成长阶段的长度，儿童后来经历带来的修正，不同成长速率的影响，以及导致孩子行为不断变化的背景。

著名的发展心理学家罗伯特·麦克卡尔（Robert McCall）对气质研究人员总结指出："过去通常用来研究个体气质差异的概念与统计策略，其设计的目的是找出'没有'变化或者成长的证据。这是一个无趣而令人失望的结果。"相反，麦克卡尔强调说："变化是成长原则的核心，我们应当用与寻找稳定与连续性时同样的努力来记录变化情况，不管是关于个体差异的变化还是机能发育的变化，也不管是心理成长还是气质成长方面。"（p.16）

连续性与可变性研究面临的挑战

在我们纽约纵向研究的一些具体案例里，以及在另外一些研究过程中，我们记录了许多气质发生重大改变的情况。但是，这些改变的原因基本上因人而异，无法系统性地进行研究。

气质可变性研究面临的问题与连续性研究的问题一样。麦克德维特报告说，仅有的系统性研究也只在样本中发现了微小的相关性。即使关于连续性研究中被认为重要的一些发现显示出 0.7 的高度相关性，但它也只具有 50% 的统计显著性，还有 50% 的方差无法解释。

但我们不能就此无视连续性的问题。在个人生命的一段时期内气质表现出明显的连续性，这样的例子很多，我们面临的挑战是对这些现象进行解释。比如说，凯伦在婴儿与儿童时期对新环境与新人所表现的反应是就典型的慢热型气质表现。她的爸爸妈妈理解并接受她的行为模式，也给予她足够的时间来适应新的环境，而不给她施加压力，因此，这种气质没有带来任何麻烦。当她所在的幼儿园成立一个专门的父母指导项目时，出现了一个有意思的插曲。凯伦与妈妈走进幼儿园，看到一大批陌生的成年人，她马上爬到妈妈腿上，整晚都不肯下来参加她的小组活动。她妈妈描述道："别人都看着我，我知道她们脑子里都在批评我纵容女儿粘着我、依赖我。"幸运的是，她妈妈对这样的事情觉得好玩，而没有被其他父母贬低性的评价所吓住。

凯伦16岁的时候仍然按照这个轨迹成长，她对各种新环境的反应总是"小心翼翼"（她妈妈是这么描述的）——换学校、加入一个暑期团体项目、选修新课。不过，最初的这种慢热并未导致她永久性地抵触挑战性的环境。一门新的数学课起初可能很难，令人丧气，但她坚持不懈，而且计划明年再选修一门。首次预约医生的时候凯伦可能会让妈妈给医生打电话，但随后的所有预约都是她自己搞定。她朋友很多，兴趣广泛，而且成了学生活动的负责人。对于她的年龄来说，她很果断，而且也保持了合适的独立性。没有迹象表明她对母亲或者他人过分依赖。

对于慢热型气质来说，凯伦的成长轨迹很顺畅。她在多年的成长过程中熟练地适应了各种新环境，这是因为她的父母与老师并没有对她提出对于慢热型气质来说过分的要求或者施加过分的压力。有了这些积极的体验，16岁的凯伦在学习与社交活动中都取得了成功，而且显然具有高度自尊。她的成功表现肯定会给她带来信心，让她明白她能够顺利适应各种新环境。不过，尽管有了这么多的积极体验，她对于新环境的最初反应仍然跟原来一样；她对新环境最初的不适感表明，她的慢热型气质模式并没有改变。

我们只有许多类似这样的个体案例，虽然很有意思，但并不能提示一般性规律。我们还没有进行系统性的研究，能够让我们深度了解这一现象。

连续性与可变性研究计划

多年来我们一直感到，确定哪些因素使气质在一段时期内保持连续性，或者导致其发生变化，将会提供非常重要的信息，这些信息在帮助儿童甚至成人问题行为的预防、早期干预与治疗方面将会发挥更大的作用。但就我们所知，目前还没有这方面的系统性研究。

在考虑这个挑战性的问题多年后，我（切斯）已经设计了一项开创性的研究，以寻找一种分析方法来发现影响气质连续性与可变性的因素。

开创性研究

我从纽约纵向研究数据库中选出了30个研究对象的完整数据。我们主要关注反应强烈型与慢热型气质的气质评级，每一个对象的行为都非常不同，其表现也非常重要。

我们根据电脑记录对 3 年来这两类气质评级最高的 15 个对象与最低的 15 个对象的评级数据进行制表。首先，每一个对象的反应强度分数每年都按序排列。在 2 岁的时候，通过与 1 岁时的对比来确定其连续性或者可变性。然后我对 2 岁时的全部数据进行考查，从中筛选并列出所有与连续性或者可变性相关的数据。按照同样的程序，我对以后各年级段（比如 2 岁到 3 岁，依此类推）进行分析，一直到成人阶段，确定每一年与下一年之间气质的连续性与可变性。

在列出了以后各年龄段与气质连续性或者可变性相关的因素后，我根据临床判断，将这些相关因素归纳成 6 个方面：社交认知、对气质的自我认识、动机、支持网络、自尊与有利的事件。我对每一个因素进行了定义，然后列出所有适用的因素。我还搜索了其他成长研究中发现的类似因素，对相关的因素进一步进行了调整与修正。

知名的成长专家杰奎琳·莱纳尔与理查德·莱纳尔博士夫妇（Drs. Jacqueline and Richard Lerner）检查了我对 6 个因素的定义、分类与评级，并进行了详细的修正。然后我用分析慢热型气质类型连续性与可变性同样的分析方法继续研究。

下一步任务：分析方法

莱纳尔夫妇都是密歇根州立大学的心理学教授，以前曾与我们合作进行过多项气质研究。他们与我们都认为，这项开创性研究的结果很有前景，能够帮助勾勒出下一步的分析步骤。我（切斯）与杰奎琳承担了下一步的主要任务，理查德和托马斯则担任顾问。

我们确定了下一步的分析步骤：

1. 确定 6 项因素评级之间的相互影响（进行中）。
2. 在发现这些因素相互影响的可靠性之后，每年都对反应强度与慢热型气质进行打分评级
3. 有了 6 项因素的评级分数以及相关气质评级年龄的数据之后，我们可能会开始大量复杂的量化分析。比如，我们可能会问："每一项因素对于气质连续性与可变性的横向与纵向影响的权重是多少？""这 6 项因素的相关性及其统计显著性如何？"这些量化分析需要一位高级统计学者进行。幸运的是，密歇根州立大学公认的知名统计学专家亚历克斯·范·爱博士（Dr. Alex Von Eye）愿意帮助我们，他曾与莱纳尔夫妇合作进行过几项气质研究项目。

4. 这个项目的量化分析结果将会提示气质基本结构的影响。此外，这些发现还将会转化成许多实用的操作方法用于为父母、老师与其他相关人员提供指引，以促进儿童健康成长，为改善问题儿童的状况提供指导。

结 论

我们概述的这项关于气质连续性与可变性的开创性研究确实是一个严峻与复杂的挑战。显然，我们需要有大量的资金支持。如果我们成功获得了资金支持，我们就会继续对其他的气质类型进行同样的研究。如果我们的资源不足，我们也相信这项开创性研究的数据足够提供许多建设性的有趣的结论。

第 25 章

未来展望

前面各章已经表明，现在大量的研究方向与正在进行的研究标志着将来会有很多重要的探索：成长过程中气质的连续性与可变性；气质与生理因素之间相关性知识的扩展，将会提示气质的内在本质；气质应用将为描述种族、阶层与社会团体文化差异的相关研究提供有力帮助。不仅仅对儿童与青少年的心理学治疗，还包括对成人的心理学治疗，气质因素的运用也需要进一步扩展；气质在各种心理学研究与临床实践评估与治疗中的作用需要进一步明确。

一个重要的问题在本书以及大多数美国出版的著作中都没有得到讨论。波兰教授简·斯特劳（Jan Strelau）与他的同事们在对个体气质差异的研究中详述了一个全面的新巴甫洛夫系统。他们的研究对传统的静态与有限的俄罗斯巴甫洛夫研究进行了改进，在巴甫洛夫概念相关性的探索中加入了大量基本的环境因素。波兰与西欧的气质研究人员都同意，需要考虑生理—环境的互动因素，以更完整地了解气质对于个人表现的重要影响，但他们的观察角度并不相同。我们与斯特劳教授与他的同事进行了很多讨论，谈得非常投机，但迄今这些交流并没有引致我们双方进行合作研究。

最后，投身气质研究面向未来非常重要，对于它所面临的一个基本挑战，下面这段由杰出的成长研究与临床心理学家朱迪·邓恩（Judy Dunn）(1986)发表的评论做出了最好的概括：

"存在非常紧迫的实际问题，就是气质研究应该着眼于什么方向——虐待儿童，面对有压力的变化、创伤经历或者家庭不和时儿童的反应……另一方面，发展心理学中的一些重要问题——对成长变化过程的描述、个体—环境相关性的不同形式、儿童与家庭和朋友关系差异的源头——，可以通过在研究中纳入对儿童气质差异的认真评估来提供很好的回答。"（p.170）

原书参考文献

Alpert, A., Neubauer, P. W., & Wiel, A. P. (1956). Unusual variation in drive endowment. In R. S. Eissler (Ed.), *Psychoanalytic study of the child* (pp. 125-163). New York: International Universities Press.

Bates, J. E., Wachs, T. D., & Emde, R. N. (1994). Toward practical uses for biological concepts of temperament. In J. E. Bates & T. D. Wachs (Eds.), *Temperament, individual differences at the interface of biology and behavior.* Washington, DC: American Psychological Association.

Bergman, P., & Escalona, S. (1949). Unusual sensitivities in very young children. In R.S. Eissler (Ed.), *Psychoanalytic study of the child* (p. 33). New York: International Universities Press.

Blos, P. (1979). *The adolescent passage.* New York: International Universities Press.

Brazelton, B. (1969). *Infants and mothers.* New York: Dell.

Brazelton, T. (1973). Neonatal behavioral assessment scale. *Clinics in Development Medicine, 50.*

Bronson, W. C. (1974). Mother-toddler interaction: A perspective on studying the development of competence. *Merrill-Palmer*

Quarterly, 20, 275-301.

Buss, A. H., & Plomin, R. (1975). *A temperamental theory of personality development.* New York: Wiley.

Cameron, J. R., Hansen, R., & Rosen, D. (1989). Preventing behavioral problems in infancy through temperament assessment and parental support programs. In W. B. Carey & S. C. McDevitt (Eds.), *Prevention and early intervention* (pp. 157-167). New York: Brunner/Mazel.

Cameron, J. R., & Rice, D. C. (1986). Developing anticipatory guidance programs based on early assessment of infant temperament: Two tests of a prevention model. *Journal of Pediatric Psychology, 18,* 221-234.

Cameron, J. R., Rice, D., Hansen, R., & Rosen, D. (1994). Developing temperament guidance programs within pediatric practice. In W. B. Carey & S. C. McDevitt (Eds.), *Prevention and early intervention* (pp. 226-234). New York: Brunner/Mazel.

Cameron, J. R., Rice, D., Rosen, D. & Chesterman, E. (1996). Evaluating the clinical and cost effectiveness of a temperament-based anticipatory guidance program for parents of infants in a health maintenance organization. Manuscript submitted for publication.

Carey, W. B. (1970). A simplified method of determining infant temperament. *Journal of Pediatrics, 77,* 188-194.

Carey, W. B. (1986). Temperament and clinical practice. In S. Chess & A. Thomas (Eds.), *Temperament in clinical practice* (p. 239). New York: Guilford.

Carey, W. B., & McDevitt, S. C. (1989). *Clinical and educational applications of temperament research,* Berwyn, PA: Swets North America.

Carey, W. B., & McDevitt, S. C. (1995). *Coping with children's temperament* New York: Basic Books.

Chess, S. (1979). Academic lecture. Developmental theory revisited: Findings of a longitudinal study. *Canadian Journal of Psychiatry, 24,* 101-112.

Chess, S., & Fernandez, P. (1981). *The handicapped children school.* New York: Brunner/Mazel.

Chess, S., Korn, S. J., & Fernandez, P. B. (1971). *Psychiatric disorders of children with congenital rubella.* New York: Brunner/Mazel.

Chess, S. & Thomas, A. (1984). *Origins and evolution of behavior disorders.* New York: Brunner/Mazel.

Chess, S., & Thomas, A. (1986). Temperament in clinical practice. New York: Guilford Press.

Clarke, A. M., & Clarke, A. M. B. (1976). *Early experience: Myth and evidence.* London: Open Books.

Coleman, J. C. (1978). Current contradictions in adolescent theory. *Journal of Youth and Adolescence, 7,* 1-11.

Costello, A. (1975). Are mothers stimulating? In R. Lewis (Ed.), *Child alive* (pp. 45-46). London: Temple Smith.

deVries, M. W. (1984). Temperament and infant mortality among the Masai of East Africa. *American Journal of Psychiatry, 141,* 1189-1194.

deVries, M. (1994). Kids in context: Temperament in cross- cultural perspective. In W. B. Carey and S. C. McDevitt (Eds.), *Prevention and early intervention,* New York: Brunner/Mazel.

deVries, M. W. & deVries, M. R. (1977). Cultural relativity of toilet training readiness. *Pediatrics, 60,* 170-179.

deVries, M. W., & Sameroff» A. J. (1984). Culture and temperament: Influences on infant temperament in three East African Societies. *American Journal of Orthopsychiatry, 54,* 83-96.

Dubos, R. (1965). *Man adapting.* New Haven: Yale University Press.

Dunn, J. (1986). Commentary: Issues for future research. In R. Plomin & J. Dunn (Eds.), *The study of temperament: Changes, continuities and challenges* (pp. 163-171). Hillsdale, NJ: Erlbaum.

Dunn, J., & Kendrick, C. (1980). Studying and temperament and parent-child interactions: Comparison of interview and direct observation. *Developmental Medicine and Child Neurology, 22,* 484-496.

Eisenberg, L. (1994). Advocacy for the health of the public. In W. B. Carey & S. C. McDevitt (Eds.), *Prevention and early intervention* (p. 285). New York: Brunner/Mazel.

Eissler, K. R. (1958). Notes on problems of techniques in the psychoanalytic treatment of adolescents. *Psychoanalytic Study of the Child, 13,* 233-254.

Erikson, E. H. (1959). Identity and the life cycle. *Psychological Issue, 1,*

116.

Fishman, M. E. (1982). *Child and youth activities of the National Institute of Mental Health 1981-1982*. Washington: Alcohol, Drug Abuse and Mental Health Administration.

Freud, A. (1958). Adolescence. *Psychoanalytic Study of the Child, 13,* 255-278.

Freud, A. (1960). The child guidance as a center of prophylaxis and enlightenment. In J. Weinreb (Ed.), *Recent developments in psychoanalytic child therapy* (pp. 25-38). New York: International Universities Press.

Freud, S. (1950). Analysis, terminable and interminable. In J. Strachey (Ed. and Trans.), *Collected works* (Vol. 5, p. 316). London: Hogarth. (Original work published 1937)

Fries, M., & Woolf, P. (1953). Some hypotheses on the role of the congenital activity type of personality development. In R. S. Eissler (Ed.), *Psychoanalytic study of the child* (pp. 48-62). New York: International Universities Press.

Gerhard, A. L., McDermott, J. F., Jr., & Andrade, N. N. (1994). Variations in cultural influences in Hawaii. In W. B. Carey & S. C. McDevitt (Eds.), *Prevention and early intervention.* New York: Brunner/Mazel.

Gesell, A., & Ames, L. B. (1937). Early evidences of individuality in the human infant. *Journal of Genetic Psychology, 47,* 339.

Hall, G. S. (1904). *Adolescence* (Vol. 11, p. 74). New York: Appleton.

Hunt, J. V. (1980). Implications of plasticity and hierarchical achievements for the assessment of development and risk of mental retardation. In D. D. Savin, R. C. Hawkins, L. V. Walker, & J. H. Penticuss (Eds.), *Exceptional infant* New York: Brunner/Mazel.

Kagan, J. (1971). *Change and continuity in infancy.* New York: Wiley.

Kagan, J. (1994). Inhibited and uninhibited temperaments. In W. B. Carey & S. C. McDevitt (Eds.), *Prevention and early intervention.* New York: Brunner/Mazel.

Kagan, J., & Moss, H. A. (1962). *Birth to maturity.* New York: Wiley.

Kagan, J., Resnick, J. S., Clarke, C., Snidman, N., & Garcia-Coll (1984). Behavioral inhibition to the unfamiliar. *Child Development,* 55, 2212-2225.

Keogh, B. K. (1982). Children's temperament and teacher decisions. In R. Porter & G. Collins (Eds.), *Ciba Foundation Symposium 89: Temperamental differences in infants and young children* (pp. 267-278). London: Pitman.

Keogh, B. K. (1989). Temperament research and school. In G. A. Kohnstamn, J. E. Bates, & M. J. Rothbart (Eds.), *Temperament in childhood* (pp. 436-450). New York: Wiley.

Korner, A. (1973). Sex differences in newborns with special reference to differences in the organization of oral behavior. *Journal of Child Psychology and Psychiatry, 14,* 19-29.

Kurcinka, M. (1991). *Raising your spirited child.* New York: HarperCollins.

Lemer, R. M., Palermo, M., Spiro, A., & Nesselrode, J. R. (1982). Assessing the dimensions of temperamental individuality across the life span: The dimensions of temperament survey (DOTS). *Child Development, 53,* 149-159.

Levine, M. D., Carey, W. B., & Crocker, A. C. (1992). *Developmental-behavioral pediatrics* (2nd ed.). Philadelphia: W. B. Saunders.

Levy, D. (1943). *Maternal overprotection.* New York: Columbia University Press.

Martin, R. P. (1982). Activity level, distractibility and persistence: Critical characteristics in early schooling. In G. A. Kohnstamn, J. E. Bates, & M. J. Rothbart (Eds.), *Temperament in childhood* (pp. 451-461). New York: Wiley.

McCall, R. B. (1986). Issues of stability and continuity in temperament research. In R. Plomin & J. Dunn (Eds.), *The study of temperament: Changes, continuities and challenges* (p. 16). Hillsdale, NJ: Erlbaum.

McClowry, S. G., Giangrande, S. K., Tommasini, N. R., Clinton, W., Foreman, N. S., Lynch, K., & Ferketich, S. (1994). The effects of child temperament, maternal characteristics, and family circumstances on the maladjustment of school-age children. *Research in Nursing and Health, 171* 25-35.

McDermott, J. F., Robillard, A. B., Cher, W. F, Hsu, J., Tseng, W. S., & Ashton, G. C. (1983). Reexamining the concept of adolescence: Differences between adolescent boys and girls in the context of their families. *American Journal of Psychiatry, 140,* 1318-1322.

McDermott, J. M., Jr. (1994). Variations in cultural diversity. In W. B. Carey & S. C. McDevitt (Eds.), *Prevention and early intervention,* (pp. 149-160). New York: Brunner/ Mazel.

McDevitt, S. C. (1986). Continuity and discontinuity of temperament in infancy and early childhood: A psychometric perspective. In R. Plomin & J. Dunn (Eds.), *The study of temperament: Changes, continuities and challenges* (pp. 35-36). Hillsdale NJ: Erlbaum.

McFarlane, J. W., Allen, W., & Honzig, M. P. (1962). *A development study of the behavior problems of normal children between 24 months and 14 years.* Berkeley: University of California.

Meili, R. (1959). A longitudinal study of personality development. In L. Jessner & E. Pavenstedt (Eds.), *Dynamic psychopathology in childhood* (pp. 106-123). New York: Grune & Stratton.

Melvin, N. (1995). Children's temperament: Intervention for parents. *Journal of Pediatric Nursing, 10,* 152-159.

Melvin, N., & McClowry, S. G. (1995). Editorial. *Journal of Pediatric Nursing, 10,* 140.

Murphy, L. B. (1962). *The widening world of childhood.* New York: Basic Books.

Offer, O., & Offer, J. (1975). *From teenage to young manhood.* New York: Basic Books.

Pavlov, I. P. (1927). *Conditioned reflexes: An investigation of the physiological activity of the cerebral cortex.* London: Oxford University Press.

Pullis, M., & Cadwell, J. (1982). The influence of children's temperament characteristics on teacher's decision strategies. *American Education Research Journal, 19,* 165-181.

Rutter, M. (1970). Psychological development: Predictions from infancy. *Journal of Child Psychiatry and Psychology, 11,* 49-62.

Rutter, M. (1979). *Changing youth in a changing society.* London: Nuffield Provincial Hospitals Trust.

Shirley, M. M. (1933). *The first two years: A study of twenty-five babies.* Minneapolis: University of Minnesota Press.

Smith, B. (1994). The temperament program: Community based prevention of behavior disorders in children. In W. B. Carey & S. C. McDevitt (Eds.), Prevention and early intervention (pp. 257-266). New York: Brunner/Mazel.

Super, C. M., & Harkness, S. (1994). Temperament and the developmental niche. In W. B. Carey & S. C. McDevitt (Eds.), Prevention and early intervention (pp. 115-125). New York: Brunner/Mazel.

Thomas, A., & Chess, S. (1977). Temperament and development New York: Brunner/Mazel.

Thomas, A., Chess, S., & Birch, H. G. (1968). Temperament and behavior disorders in childhood (pp. 137-138). New York: Brunner/Mazel.

Thomas, A., Mittelman, M., Chess, S., Korn, S. J., & Cohen, J. (1982). A temperament questionnaire for early adult life. Educational and Psychological Measurement, 42, 593-600.

Torgersen, A., & Kringlen, E. (1978). Genetic aspects of temperamental differences in infants. Journal of American Academy of Child Psychiatry, 17, 433-444.

Turecki, S. (1989). The difficult child center. In W. B. Carey & S. C. McDevitt (Eds.), Prevention and early intervention. (pp. 141-153). New York: Brunner/Mazel.

Turecki, S., with Torner, L. (1989, rev.). The difficult child (pp. 3-5). New York: Bantam.

Weissbluth, M. (1987). Sleep well. London: Unwin Paperbacks.

Weisz, J. R., & Sigman, M. (1993). Parent reports of behavioral and emotional problems among children in Kenya, Thailand, and the United States. Child Development, 64, 98-109.

Wenar, C. (1963). The reliabilities of developmental histories. Psychosomatic Medicine, 25, 505.

Whaley, L. F., & Wong, D. L. (1983). Nursing care of infants and children. St. Louis, MO: C.V. Mosby.

Wilson, R. S., & Matheny, A. P., Jr. (1983). Assessment of infant twins. Developmental Psychology, 19, 172-183.

图书在版编目（CIP）数据

气质论/（美）斯泰拉·切斯，（美）亚历山大·托马斯著；谭碧云译.—上海：上海社会科学院出版社，2017
书名原文：Temperament: Theory and Practice
ISBN 978-7-5520-1937-7

Ⅰ.①气… Ⅱ.①斯…②亚…③谭… Ⅲ.①气质—通俗读物 Ⅳ.① B848.1-49

中国版本图书馆 CIP 数据核字（2017）第 058453 号

Copyright@ 1996 by Brunner/Mazel, Inc.
Authorized translation from English language edition published by Routledge, an imprint of Taylor & Francis Group LLC; All rights reserved; 本书原版由 Taylor & Francis 出版集团旗下，Routledge 出版，并经其授权翻译出版。版权所有，侵权必究。

本书中文简体翻译版授权由上海社会科学院出版社独家出版并限在中国大陆地区销售。未经出版者书面许可，不得以任何方式复制或发行本书的任何部分。

本书封面贴有 Taylor & Francis 公司防伪标签，无标签者不得销售。

上海市版权局著作权合同登记号：图字 09-2017-121

气质论

著　　者：	［美］斯泰拉·切斯　［美］亚历山大·托马斯
译　　者：	谭碧云
责任编辑：	赵秋蕙
封面设计：	主语设计
特约编辑：	陈朝阳
出版发行：	上海社会科学院出版社
	上海市顺昌路 622 号　邮编 200025
	电话总机 021-63315900　销售热线 021-53063735
	http://www.sassp.org.cn　E-mail: sassp@sass.org.cn
印　　刷：	北京中科印刷有限公司
开　　本：	889×1194 毫米　1/32 开
印　　张：	8
字　　数：	130 千字
版　　次：	2017 年 5 月第 1 版　2017 年 5 月第 1 次印刷

ISBN 978-7-5520-1937-7/B・215　　　　　　　　　　定价：42.80 元

版权所有　翻印必究